“十四五”职业教育国家规划教材

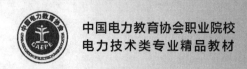

中国电力教育协会职业院校
电力技术类专业精品教材

DIANJI JINENG XUNLIAN

电机技能训练

主　编　陈晓芸　任秀敏
副主编　高　山　李春林
编　写　边俐争　张丽娟　冯　帆　崔均亮
主　审　李元庆

中国电力出版社
CHINA ELECTRIC POWER PRESS

内 容 提 要

本书为"十四五"职业教育国家规划教材、中国电力教育协会职业院校电力技术类专业精品教材。

全书共分 3 个项目 20 个任务，项目 1 主要介绍电机技能训练安全知识；项目 2 主要介绍变压器、异步电动机和同步发电机常规教学实验项目，其中各个任务为适应职业岗位的需要，依据电力行业现场标准化作业指导书的形式编写；项目 3 主要介绍了电动机控制常用工器具和仪表、低压控制电器、低压电器测量及电动机长动、两地、正反转和电动机星—三角启动（手动和自动）安装、调试等。每个任务基本都有任务描述、任务目标和需学生自行填写的表格，以激发学生的学习兴趣、职业意识和团队意识。

本书配套实验元器件和仪表的讲解、电机实验实训操作流程的相关视频、知识拓展等丰富的数字资源，并会持续更新，可扫描封面二维码获取。

为学习贯彻落实党的二十大精神，本书根据《党的二十大报告学习辅导百问》《二十大党章修正案学习问答》，在二维码链接的数字资源中设置了"二十大报告及党章修正案学习辅导"栏目，以方便师生学习。

本书可作为高职高专教育相关专业师生的教材，也可供从事电力行业相关技术的人员培训使用或日常参考。

图书在版编目（CIP）数据

电机技能训练/陈晓芸，任秀敏主编 . —北京：中国电力出版社，2021.8（2024.11 重印）
普通高等教育实验实训系列教材
ISBN 978 - 7 - 5198 - 5797 - 4

Ⅰ.①电…　Ⅱ.①陈…②任…　Ⅲ.①电机学—高等学校—教学参考资料　Ⅳ.①TM3

中国版本图书馆 CIP 数据核字（2021）第 132885 号

出版发行：中国电力出版社
地　　址：北京市东城区北京站西街 19 号（邮政编码 100005）
网　　址：http://www.cepp.sgcc.com.cn
责任编辑：乔　莉（010 - 63412535）
责任校对：王小鹏
装帧设计：赵丽媛
责任印制：吴　迪

印　　刷：北京雁林吉兆印刷有限公司
版　　次：2021 年 8 月第一版
印　　次：2024 年 11 月北京第五次印刷
开　　本：787 毫米×1092 毫米　16 开本
印　　张：13.25
字　　数：316 千字
定　　价：36.00 元

前　言

本书按照"理实一体化教学"理念和"能力本位教育"的原则，依据相关国家标准、行业标准和职业规范，以学生为主体，通过设定测试任务、任务描述、任务目标和相关知识，让师生双方边教、边学、边做，全程构建素质和技能培养框架。

项目1电机技能训练安全知识学习，介绍了实验安全操作规范和实训室规章制度，以及相关实验实训知识。

项目2电机基本实验，完全按照现场标准化作业指导书的形式编写，包括任务描述、任务目标、标准及技术要求、相关设备与仪表的功能和使用方法、工作前准备（包括任务分工、所需要的工器具、危险点分析、安全措施等）、工作过程（包括工作前检查、画出实物接线图、通电步骤及标准）、工作验收及报告等内容，同时给出过程化考核方案。经过这些项目的训练可以达到提高学生职业素养和技能的目的，为学生获得相关职业资格证书奠定一定的基础。

项目3电动机控制技能训练，介绍了电动机控制常用的工器具和仪表、常用低压控制电器及其测量、电气控制系统图的识绘和电动机长动、两地、正反转、星—三角降压启动控制电路的安装与调试等。本项目还设置了端子图和安装图的绘制、控制电路配线明细表的填写、线路的检查、控制电路通电操作票的填写、通电后故障分析等环节。内容丰富，有新意，旨在提高学生的动手、独立思考分析的能力。

本书以技能训练为主线，相关知识为辅线，针对高职高专院校学生的特点，合理地处理了基础知识和技能操作的联系，力图适应不同层次学生学习的需要。

教材更具有针对性和可操作性，同时注重培养职业素养和动手能力，为后期快速适应岗位奠定一定的基础。

本书由郑州电力高等专科学校老师编写，其中项目1、2由高山、陈晓芸、边俐争、崔均亮编写，项目3由任秀敏、李春林、张丽娟和国网郑州供电公司冯帆编写，全书由陈晓芸负责统稿。本书承蒙广西城市职业大学李元庆教授仔细审阅，并提出宝贵的修改意见。

限于编者水平且编写时间仓促，书中难免存在疏漏之处，敬请读者和有关专家提出宝贵的意见与建议。

编者

2021年4月

目　录

电机技能训练安全知识学习

任务 1.1 实验安全知识学习

为了确保实验时人身和设备的安全，必须严格遵守实验安全操作规范，遵守实验室管理制度，熟知实验环境。

任务描述

（1）学习实验室管理制度。

（2）学习实验安全操作规范。

任务目标

（1）掌握基本安全操作规范。

（2）培养学生安全用电的意识和职业责任感。

相关知识

一、实验室管理制度要点

（1）严格遵守学校制定的《实验（实训）场所安全卫生制度》《学生实训守则》等。

（2）服从老师的指挥与安排，按时分组到达实验区域。

（3）爱护国家财物，不乱动与实验无关的仪器设备仪表。

（4）实验中应严肃认真，密切配合，不打闹和大声喧哗。

（5）不在实验室吃喝东西，保持实验室整洁卫生。

（6）实验所用配件均在实验台上组挂或台子箱体内存放，根据实验需要合理选挂组件，电机装配规范牢靠，测量仪表挂件不准私自拆卸及更换位置。实验后电机及挂件要按老师要求及时归位，轻拿轻放，并摆放整齐。

（7）实验中熔管烧掉之后，不许自行乱拔乱用其他组件的熔管，要认清规格，经老师核实后更换，不告知老师者扣实验成绩。

（8）实验台所配电脑未经老师允许不准开机。不准插接移动盘、光盘等，不准玩游戏、更改设置、装卸软件等可能破坏系统正常运行的活动。

（9）实验室内禁止从事与实验无关的活动，不准玩手机游戏等。

二、基本安全操作规范

（1）实验时着装要符合电气安全规范的要求，不得穿裙子、戴围巾、穿高跟鞋，长发的女同学须将头发盘起或藏于帽内。

（2）对实验中使用的设备，首先要明确设备的额定参数，熟悉其控制调节的方法，牢记使用注意事项。正确连接线路，合理选择仪表及量程。

（3）接线或拆线都必须在切断电源的情况下进行。接线完毕，组内由专人负责再次对接线及仪表量程进行检查。然后请辅导教师检查，未经教师检查和同意，不得进行通电实验。

（4）不擅自接通电源。通电前，告知全组，并检查可调设备旋钮（调压器、变阻器等）是否在适当的位置。

（5）实验中禁止身体接触带电线路的裸露部分及设备的金属外壳和设备的转动部分。

（6）全组同学应分工合作、统一指挥。避免发生因配合不当引起的安全事故。在调节电源、可变电阻时不应过猛，同时时刻关注电压、电流、功率、转速等测量仪表的示值和电机响应情况。

（7）不能带负载改变电流表量程开关。

（8）异常处理。实验中若出现异常声音、气味和现象应立即断开电源，并告知老师，学生应在教师的帮助下，学习分析判断故障的原因及排除方法。如果造成设备损坏，当事人要及时交出事故报告，以便查明情况，按学校有关规定酌情处理。

三、实验流程及要求

1. 做好实验前的准备工作

（1）了解实验项目的意义和实验的学习训练目标，明确实验内容及要求，实验前必须充分预习相关的理论知识，认真阅读实验任务书，查阅相关的技术规范、规程及实验标准，弄清实验原理、方法和技术要求。

（2）建立小组，分工合作。做实验时应以小组为单位，分工合作。实验过程中的接线、检查线路、调节电源及负载、记录数据等工作应明确到人，以保证实验的顺利进行。

（3）制定详细的实验方案及标准化作业指导书。根据实验任务目标，合理选配实验室内的设备组件，查看所用设备的基本参数，合理选配测量仪表，画出实验原理和实际接线图，制定详细的实验操作步骤和数据结果记录表格，牢记实验中应注意的事项等，分析预测可能的实验现象与结果。

2. 实验作业过程

（1）实验准备。学习实验方案及标准化作业指导书；做好实验中的危险点分析与预控措施；备齐实验相关的工具、仪表、导线、配件等；合理布局实验组件，以规定的技术要求为前提，以方便操作和观测读数为原则。元件组装、固定要规范牢靠。

（2）可靠连接实验电路。在接线中，要注意先接串联（主）回路，后接并联支路。在做电气控制技术实验时，先接主电路后接控制电路；先接控制接点，最后接控制线圈等。

连接导线的长短、粗细、颜色选择应合适，接线应简单、整齐、清晰、牢靠，尽量避免交叉。多根导线不易集中接在一点，可分接于等电位的其他位置。插接式导线接头的插拔过程中应稍带点旋转。

（3）调控、观察和记录。微调电源电压，查看仪表指示情况，判断导线的连通情况，电路是否存在开路或短路等故障。

按实验方案的具体步骤进行操作，明确调节、观测的重点对象，认真观察实验中的各种现象，并记录实验数据。

进行特性实验时，应注意仪表极性及量程。检测数据时在特性曲线弯曲部分应多选几个点，而在线性部分则可少取几个点。

进行电气控制技术实验时，应有目的地操作主令电器，观察电器的动作情况，进一步理解电路的工作原理。

注意：利用万用表欧姆挡检查线路故障时，一般在断电情况下进行。利用万用表电压挡检测故障时，需要在通电情况下进行（注意电压性质和量程）。

3. 实验结束整理工作

实验结束一般应先降低电压电流，再断开电源。认真检查实验结果，确认无遗漏或其他问题后，经指导老师检查同意后，方可拆除线路。实验设备仪表归位，清理导线、工具和现场，并报告指导老师后方可离开实验室。

4. 实验报告要求

实验报告是实验工作的全面总结，要用简明的形式将实验结果完整、真实地表达出来。实验报告要求简明扼要，字迹工整，分析合理。图表整齐清楚，曲线线路图用铅笔和绘图仪器绘制，不应徒手描画，具体要求扫码获取。

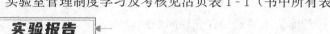

实验室管理制度学习及考核见活页表 1-1（书中所有表格均见活页）。

实验报告

按照活页实验报告的要求，编写实验报告并及时上交。

实验报告要求

任务 1.2　电机实验安全知识学习

电机实验通常要使用高于安全电压、电流的电机或变压器设备。为了确保人身和实验设备安全，必须严格遵守实验安全操作规范；为了取得满意的实验效率和效果，应掌握一般的实验流程、方法，具备一定的电机实验基本技能，同时必须遵守实验室管理制度，熟知实验环境，掌握常用的电源设备、仪器仪表、导线的使用方法。

任务描述

（1）认知实验台电源、检测仪表等主要组件的布局、功能及用法，学习使用实验台交流电源的控制及调节方法。

（2）对变压器变比进行简单测量。

任务目标

（1）掌握电机实验的安全操作规范与基本操作技能，培养电力生产运行"安全第一"的意识和严谨的工作态度。

（2）培养学生团队协作能力，树立正确的劳动观和态度。

相关知识

一、电机实验安全要求

（1）严格遵守实验室规章制度。
（2）严格遵守安全操作规范。
（3）严格遵守电机实验流程及要求。
（4）每一次实验通电前必须对危险点进行分析。

二、单相变压器变比测量

在变压器空载运行的条件下，高压绕组的电压 U_1 和低压绕组的电压 U_2 之比称为变压器的电压比（简称变比），即 $K = \dfrac{U_1}{U_2}$。

变比一般按相电压计算，是变压器的一个重要的性能指标。变比测量是变压器的例行试验项目，不仅在变压器出厂试验时要进行，而且在变压器新装投入运行前、大修后都要进行变比测量。其作用如下：

（1）检查变压器绕组匝数比，检查变比是否与铭牌值相符，以保证达到要求的电压变换；

（2）检查分接开关位置和分接引线的连接是否正确，保证绕组各个分接的变比在技术允许的范围之内；

（3）检查各绕组的匝数比，可判断变压器是否存在匝间短路；

（4）提供变压器实际的变比，以判断变压器能否并列运行。

测量变压器变比的方法很多，常用双电压表法。双电压表法接法简单，易操作，其测量原理线路如图 1-1 所示。

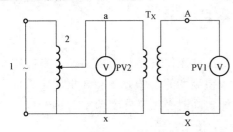

图 1-1　低压侧励磁的电压表法测量单相
变压器的变比原理接线图
1—电源；2—调压器；Tx—被试变压器；
PV1、PV2—交流电压表

在变压器的高压侧（或低压侧）加数值合适的稳定交流电压，则在对应的低压侧（或高压侧）也将感应出相应的电压，同时用两只量程合适的不低于 0.5 级的电压表测出两侧的电压值，再根据电压表的读数，算出变比。测量是两个电压表的读数一定要同时读出，特别是在电压波动较大的时候，更应该注意这点。

一般可在高压侧额定电压的 10%～25% 范围内选择，并尽量使两个电压表指针偏转均能在刻度的一半以上，以提高测量的准确度。对应不同输入电压，共取 3～5 组读数。根据每次记录的结果计算变比 K，然后几次计算的 K 取平均值即为变比。

当变比较大时或电源电压较高时，应采用 0.2 级的电压互感器配合测出两侧的电压值，然后进行变比计算。

实验作业指导

一、实验前准备工作及安排

1. 任务分工

确定小组成员的任务，并在完成任务后签字确认。请各小组将活页表1-2填写完整。

2. 主要实验仪器仪表和工具

检查实验所需的仪器和工具，并将结果填于活页表1-3。

3. 危险点分析

在实验过程中，要注意安全操作，通电操作时要避免电压升高过快或者过高。具体危险点分析见活页表1-4。

4. 安全措施

针对实验特点，小组成员要严格遵守实验室的管理规定，做好安全措施，谨防在实验过程中发生事故。具体措施见活页表1-5。

二、实验程序

1. 实验前检查

实验开始前，首先要做好检查准备工作，避免在实验过程中出现事故。应重点检查活页表1-6所列事项。

2. DD01电源控制屏使用及测试

DD01电源控制屏如图1-2所示，对照实物，找到并记住"电源总开关""电压指示切换开关""直流高压电源"的"电枢电源开关"及"励磁电源开关"。找到图1-3"三相电源调压器旋钮"的位置（控制屏的左侧）。

图1-2 DD01电源控制屏

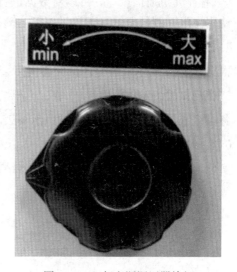

图1-3 三相电源调压器旋钮

5

（1）电源总开关。顺时针轻轻扭动钥匙开关，控制屏上的所有直流电源及仪表指示灯亮，红色的停止按钮亮，"电压指示切换"开关扳向"三相电网输入"，指针式电压表显示电网电压，均为 0V 左右。逆时针轻轻旋转钥匙关闭总电源。

（2）启动、停止按钮。按下"启动"按钮，"三相可调交流电源"电源端（左端）及直流电压电源上电，"三相可调交流电源"左端钮 U1、V1、W1 加电网电压 380V 左右，或各相与 N1 为相电压 220V 左右，二极管指示灯亮。直流电动机励磁电源和电枢电源的启用可通过对应的"按钮开关"控制启停。

实验中如果需要改接线路（或出现异常声音与气味），必须立即按下"停止"按钮以切断交流电源，并将控制屏左侧端面上安装的调压器旋钮调回到零位。保证实验接线安全。

实验完毕，还需依次关断"直流高压电源"的"电枢电源"开关及"励磁电源"开关、按下"停止"按钮，把"电源总开关"旋回到关断位置。

（3）单相或三相可调交流电源输出端 U、V、W 电压的调节与监测。按下"启动"按钮，"启动"按钮指示灯亮，表示三相交流调压电源输出插孔 U、V、W 及 N 已接电。实验电路所需的不同大小的交流电压，都可适当调节图 1-3 所示的调压器旋钮，并用导线从三相四线制插孔中取得。输出线电压为 0～450V（可调）。顺时针调节三相电源调压器旋钮，则电压增大，逆时针调节电压减小。若将"电压指示切换"开关拨向"三相调压输出"时，可由控制屏上方的三只交流电压表监测线电压的输出结果，也可另接电压表监测电源输出情况。

3. 仪表的选用

根据被试变压器铭牌型号、规格合理选择电压表和测试方法。实验台配套的电压表为 D36-2 数字交流电压表。

D36-2 数字交流电压表是智能真有效值电压表，能对正弦波、方波、三角波等信号（20Hz～10kHz）的电压真有效值大小进行测量，测量范围 0～450V，量程自动判断、自动切换，准确度 0.5 级，4 位数码显示。同时能对数据进行存储、查询（共 15 组，掉电保存）。带有计算机通信接口，可以对数据进行实时采集和存储采集。

使用注意：测量显示不正常时按复位键；更换电源熔断器必须符合给定要求。

4. 画出实验接线图

根据图 1-1 所示实验原理图完善实际接线图 1-4。接线图 1-4 为示例，仅供参考。

5. 通电试验步骤及标准

各小组成员准备完毕，可以按照活页表 1-7 所列实验步骤进行操作。

6. 验收总结

实验结束后，小组要做好记录，并将结果填入活页表 1-8 中。

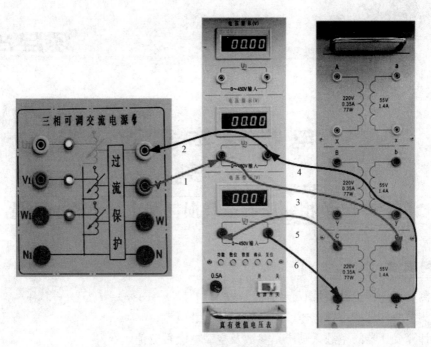

图 1-4　变比测量实际接线图示例

实验报告

按照活页实验报告的要求，编写实验报告并及时上交。

电机基本实验

任务 2.1 单相变压器空载损耗和空载电流的测量

任务描述

（1）测取变压器空载特性 $U_0 = f(I_0)$，$P_0 = f(U_0)$，$\cos\varphi_0 = f(U_0)$。

（2）测量变压器的空载电压、空载损耗和空载电流。

（3）计算变压器的空载（励磁）参数及空载电流百分值。

任务目标

（1）进一步熟知电机实验台的使用与操控方法，能正确使用实验台。

（2）能够根据实验项目要求和设备铭牌数据，合理选配测量仪表及量程。

（3）掌握功率表准确测量功率的方法。

（4）掌握空载试验的方法，并测取空载特性 $U_0 = f(I_0)$，$P_0 = f(U_0)$。

（5）会计算变压器的空载（励磁）参数。

（6）学会利用技术标准与规程指导实验。

（7）通过认识变压器，掌握行业发展前沿理论，增强科学精神，树立爱国主义情怀与宏伟志向。

相关知识

一、预习并回答下列问题

（1）变压器的空载实验中电源电压一般加在哪一侧？

（2）在空载实验中，各种仪表应怎样连接才能使测量误差最小？

（3）为什么空载实验可测定变压器的铁耗？

（4）为什么空载实验必须测取 $U = U_N$ 时的数据？

（5）如何依据变压器铭牌参数选择测量仪表的量程？

二、标准及技术要求

依据 JB/T 501—2006《电力变压器试验导则》的要求，空载损耗及空载电流的测量必须在额定频率和额定电压下进行，使一次绕组达到额定励磁，其余绕组开路，绕组中有开口三角形连接的应使其闭合，如果施加电压的绕组是带有分接头，则应使分接开关处于主分接头的位置；运行中的地电位处（分级绝缘变压器其中性点、铁心、拉带等）、油箱或外壳应可靠接地。

DL/T 393—2010《输变电设备状态检修试验规程》要求：诊断铁心结构缺陷、匝间绝缘损坏可进行本任务测试。实验电压尽可能接近额定值。实验电压值和接线应与任务 1.2 中的变比测量实验保持一致。测量结果与上次相比不应有明显差异。对单相变压器相间或三相变压器两个边相，空载电流差异不应超过 10%。分析时一并注意空载损耗的变化。

为安全简便起见，空载实验一般都在低压侧施加电压。低压侧电压较低，空载电流较大，准确性较高。

所测得的空载损耗应符合 GB1094.1—2013《电力变压器 第 1 部分：总则》、GB/T 6451—2015《油浸式电力变压器技术参数和要求》或 GB/T 10228—2015《干式电力变压器技术参数和要求》等有关标准的规定，允许其偏差为 +15%，空载电流允何偏差为 +30%。

辨别空载电压是否是正弦波形要借助于有效值电压表与平均值电压表（有效值刻度）。实验时如两表的读数相同，则不需要校正；如读数不同，说明电压波形发生畸变，需要校正。

三、D34‑2 智能功率、功率因数表

（1）功能：可测量三相交流负载的总功率或单相交流负载的功率；可显示电路的功率因数及负载性质、频率，可记录、储存和查询 15 组数据等。

（2）测量准确度等级：0.5 级。

（3）量程范围：电压 15～450V，电流 30mA～5A。

（4）使用方法：

1）接通电源，或按"复位"键后，直接进入功率测量状态。

2）面板上有一组键盘，五个按键，在实际测试过程中只用到"功能""确认""复位"三个键。

a．"功能"键：是仪表测试与显示功能的选择键。若连续按动该键，则五只 LED 数码管将显示九种不同的功能指示符号，6 个功能符分述见表 2‑1。

表 2‑1 仪表功能表

显示	P	COS	F	SAVE	dipl	0.
含义	有功功率	功率因数及负载性质	被测信号频率	数据记录	数据查询	升级后使用

b．"确认"键：在选定上述前 5 个功能之一后，按一下"确认"键，该组显示器将切换显示该功能下的测试结果数据。

c．"复位"键：在任何状态下，只要按一下此键，系统便恢复到功率测量状态。

（5）具体操作过程：

1）接好线路→开机（或按"复位"键）→选定功能→按"确认"键→待显示的数据稳

定后，读取数据（有功功率单位为瓦，符号为 W；频率单位为赫兹，符号为 Hz）。

2) 选定 SAVE 功能→按"确认"键→显示 1（表示第一组数据已经储存好）。如重复上述操作，显示器将顺序显示 2、3、…、E、F，表示共记录并储存了 15 组测量数据。

3) 选定 dipl 功能→按"确认"键，显示最后一组储存的功率因数值及负载性质（第一位表示储存数据的组别；第二位显示负载性质，C 表示容性，L 表示感性；后三位为功率因数值），→再按"确认"键→显示最后一组的功率值→再按"确认"键→显示倒数第二组储存的功率因数值及负载性质……（显示顺序为从第 F 组到第一组）。可见，在需要查询结果数据时，每组数据需分别按动两次"确认"键，以分别显示功率和功率因数值及负载性质。

注意事项：在测量过程中，外来的干扰信号难免要干扰主机的运行，若出现死机，请按"复位"键。

四、D35 - 2 智能真有效值电流表

D35 - 2 智能真有效值电流表，能对正弦波、方波、三角波等信号（20Hz～1kHz）的电流真有效值大小进行测量，测量范围 0～5A，量程自动判断、自动切换，准确度 0.5 级，4 位数码显示。

本机开机后，首先预热 15min，然后接入被测电流测量。键盘使用方法如下：

（1）接好线路→开机→选定功能→按"确认"键→待显示的数据稳定后，读取数据。

（2）选定 SAVE 功能→按"确认"键→显示 1（表示第一组数据已经储存好）。如重复上述操作，显示器将顺序显示 2、3、…、E、F，表示共记录并储存了 15 组测量数据。

（3）选定 dipl 功能→按"确认"键，显示最后一组储存的数据。

五、实验原理接线图

单相变压器空载实验原理接线如图 2 - 1 所示。

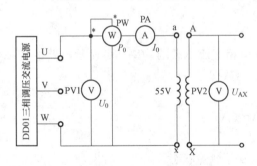

图 2 - 1 单相变压器空载实验原理接线图
（使用 DJ11 三相组式变压器的一相）

实验作业指导

一、实验前准备工作及安排

1. 任务分工

确定小组成员的任务，并在完成任务后签字确认。请各小组将活页表 2 - 2 填写完整。

2. 主要实验仪器仪表

检查实验所需的仪器仪表，并将结果填于活页表 2 - 3。

3. 危险点分析

在实验过程中，要注意安全操作，通电操作时要避免电压升高过快或者过高。具体危险点可参考活页表 1 - 4 实验危险点。

4. 安全措施

针对实验特点，小组成员要严格遵守实验室的管理规定，做好安全措施，谨防在实验过程中发生事故。具体措施可参考活页表 1-5 实验安全措施。

二、实验程序

1. 实验前检查

实验开始前，首先要做好检查准备工作，避免在实验过程中出现事故。应着重检查活页表 2-4 所列事项。

2. 实验接线

根据图 2-1 单相变压器空载实验原理接线图在图 2-2 上画出连接线，经老师检查无误后方可连接实物。

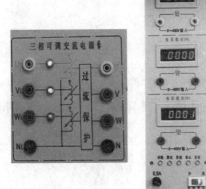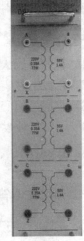

图 2-2　变压器空载实验实物接线图

画图		审核		老师签字	

3. 通电实验步骤及标准

各小组成员准备完毕，可以按照活页表 2-5 所列实验步骤进行操作。

4. 验收总结

实验结束后，小组要做好记录，将结果填入活页表 2-5 中，并完成活页表 2-6 的内容。

▶ **实验报告** ◀

按照活页中实验报告的要求，编写实验报告并及时上交。

▶ **分析与思考** ◀

（1）在空载实验中，各种仪表应怎样连接才能使测量误差最小？

（2）在电源调节升压的过程中应重点监控什么仪表？

（3）空载特性曲线 $U_0 = f(I_0)$ 中的近饱和点如何测量比较准确？

(4) 变压器空载实验为什么要测额定电压下的数据？

任务 2.2 三相变压器变比及空载实验

在变压器空载运行的条件下，高压绕组的电压和低压绕组的电压之比称为变压器的电压比（简称变比）；变比一般按相电压计算，它是变压器的一个重要重要的性能指标。

变比测量是变压器的例行试验项目，不仅在变压器出厂试验时要进行，而且在变压器安装现场厂投入运行前电气交接项目之一，大修后也要进行变比测量。

▶ 任务描述 ◀

(1) 测取变压器空载特性 $U_0 = f(I_0)$，$P_0 = f(U_0)$，$\cos\varphi_0 = f(U_0)$。
(2) 测量变压器的空载损耗和空载电流。
(3) 计算变压器的空励磁参数及空载电流百分值。

▶ 任务目标 ◀

(1) 掌握两表法测量三相功率的方法。
(2) 掌握空载实验的方法，会绘制空载特性曲线。
(3) 掌握三相变压器励磁参数的计算方法。
(4) 了解行业发展及今后的方向，帮助学生树立爱国主义精神，培养学生的责任担当。

▶ 相关知识 ◀

一、预习并回答下列问题

(1) 实验中对于三相变压器测取的电压、电流均是什么值？
(2) 两表法测量的功率是单相功率还是三相功率？
(3) 为什么空载实验要单方向调节？

二、标准及技术要求

依据 JB/T 501—2006《电力变压器试验导则》的要求，空载损耗及空载电流的测量必须额定频率和额定电压下进行，使一次绕组达到额定励磁，其余绕组开路。绕组中有开口三角形连接的应使其闭合，如果施加电压的绕组是带有分接头的，则应使分接开关处于主分接头的位置；运行中的地电位处（分级绝缘变压器的中性点、铁心、拉带等）和油箱或外壳应可靠接地。

DL/T 393—2010《输变电设备状态检修试验规程》要求：诊断铁心结构缺陷、匝间绝缘损坏可进行本任务测试。实验电压尽可能接近额定值。实验电压值和接线应与任务 2.1 中的实验保持一致。测量结果与上次相比不应有明显差异。对单相变压器相间或三相变压器两个边相，空载电流差异不应超过 10%。分析时一并注意空载损耗的变化。

为安全简便起见，空载实验一般都在低压侧施加电压。低压侧电压较低，空载电流较大，准确性较高。

所测得的空载损耗应符合 GB 1094.1—2013《电力变压器　第 1 部分：总则》、GB/T 6451—2015《油浸式电力变压器技术参数和要求》或 GB/T 10228—2015《干式电力变压器技术参数和要求》等有关标准的规定，允许其偏差为 +15%，空载电流允何偏差为 +30%。

辨别空载电压是否是正弦波形要借助于有效值电压表与平均值电压表（有效值刻度）。实验时如两表的读数相同，则不需要校正；如读数不同，说明电压波形发生畸变，需要校正。

三、实验原理接线图

三相变压器空载实验原理接线如图 2-3 所示。

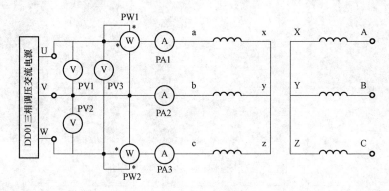

图 2-3　三相变压器空载实验原理接线图（使用 DJ12 高压及低压 Yy 接线）

◆ **实验作业指导** ◆

一、实验前准备工作及安排

1. 任务分工

确定小组成员的任务，并在完成任务后签字确认。请各小组将活页表 2-7 填写完整。

2. 主要实验仪器仪表

检查实验所需的仪器仪表，并将结果填于活页表 2-8。

3. 危险点分析

在实验过程中，要注意安全操作，通电操作时要避免电压升高过快或者过高。具体危险点可参考活页表 1-4 实验危险点。

4. 安全措施

针对实验特点，小组成员要严格遵守实验室的管理规定，做好安全措施，谨防在实验过程中发生事故。具体措施可参考活页表 1-5 实验安全措施。

二、实验程序

1. 实验前检查

实验开始前，首先要做好检查准备工作，避免在实验过程中出现事故。应着重检查活页表 2-9 所列事项。

2. 实验接线

根据图 2-3 三相变压器空载实验原理接线图在图 2-4 上画出连接线，经老师检查无误后方可连接实物。

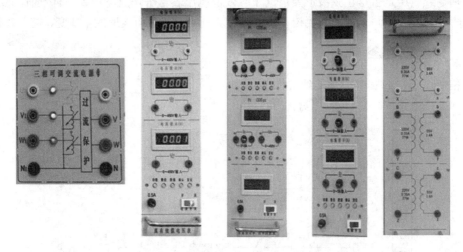

图 2-4 变压器空载实验实物接线图

画图		审核		老师签字	

3. 通电实验步骤及标准

各小组成员准备完毕，可以按照活页表 2-10 所列实验步骤进行操作。

4. 验收总结

实验结束后，小组要做好记录，并完成活页表 2-11 中的内容。

▶ 实验报告 ◀

按照活页中实验报告的要求，编写实验报告并及时上交。

▶ 分析与思考 ◀

(1) 在空载实验中，各种仪表应怎样连接才能使测量误差最小？

(2) 在电源调节升压的过程中应重点监控什么仪表？

(3) 空载特性曲线 $U_0 = f(I_0)$，近饱和点如何测量比较准确？

(4) 变压器空载实验为什么最好在额定电压下进行？

任务 2.3 单相变压器短路阻抗及负载损耗的测量

测量变压器阻抗电压 $U_k\%$、短路电流 $I_k\%$ 和短路损耗 $P_k\%$ 的实验简称为短路实验。它是变压器例行试验项目，是电力变压器大修后试验项目，也是输变电设备状态检修试验规程中的诊断性试验项目。

通过变压器阻抗电压 $U_k\%$、短路电流 $I_k\%$ 和短路损耗 $P_k\%$ 的测量，可以验证它们是否在国家标准及用户要求范围内，同时还可以通过试验发现绕组设计与制造及载流回路和结构的缺陷。

任务描述

（1）通过短路实验测取单相变压器的短路参数。
（2）测取单相变压器的短路损耗。

任务目标

（1）熟悉和掌握单相变压器短路实验的方法。
（2）会测定单相变压器的性能数据 $U_k\%$、$I_k\%$、$P_k\%$。
（3）会计算单相变压器的短路参数，了解这些参数对单相变压器性能的影响。
（4）培养学生精益求精的实验精神。

相关知识

一、预习并回答下列问题

（1）变压器的空载实验和短路实验有什么特点？实验中电源电压一般加在哪一侧较合适？
（2）在空载实验和短路实验中，各种仪表应怎样连接才能使测量误差最小？
（3）如何用实验方法测定变压器的铁耗及铜耗？为什么短路实验可测变压器铜耗？

二、标准及技术要求

依据 JB/T 501—2006《电力变压器试验导则》的要求，测量阻抗电压与负载损耗时，应在试品的一个绕组的线端施加额定频率，且近似正弦的电流，另一个绕组短路，各相处于同一个分接位置。测量应在 50%～100% 额定电流下进行。为避免绕组发热对实验结果产生明显误差，实验测量应迅速进行；同时准确记录实验时的绕组温度。

对于双绕组变压器，实验只需进行一次，即高压绕组施加电流（低电压），低压绕组短路，实验一次。

测量结果的要求： 短路阻抗与初值差不超过 ±3%（注意值），负载损耗偏差 +15%，但总损耗不得超过 +10%。

三、实验原理接线图

单相变压器短路实验原理接线如图 2 - 5 所示。

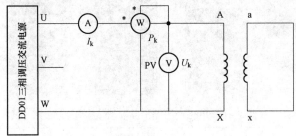

图 2 - 5　单相变压器短路实验原理接线图

实验作业指导

一、实验前准备工作及安排

1. 任务分工

确定小组成员的任务分工，填写活页表2-12。任务完成后，相关人员在对应位置签字确认。

2. 主要实验仪器仪表

检查实验所需的仪器仪表，并完成活页表2-13中的内容。

3. 危险点分析

在实验过程中，要注意安全操作，通电操作时要避免电压升高过快或者过高。具体危险点可参考活页表1-4。

4. 安全措施

针对实验特点，小组成员要严格遵守实验室的管理规定，做好安全措施，谨防在实验过程中发生事故。具体措施可参考活页表1-5。

二、实验程序

1. 实验前检查

实验开始前，首先要做好检查准备工作，避免在实验过程中出现事故。应着重检查活页表2-14所列事项。

2. 实验接线

根据图2-5所示单相变压器短路实验原理接线图在图2-6上画出连接线，经老师检查无误后方可连接实物。

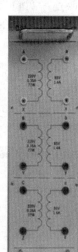

图2-6　单相变压器短路实验实物接线图

画图		审核		老师签字	

3. 通电实验步骤及标准

各小组成员准备完毕，可以按照活页表 2 - 15 所列实验步骤进行操作。

4. 验收总结

实验结束后，小组要做好记录，并完成活页表 2 - 16 中的内容。

▶ 实验报告 ◀

按照活页中实验报告的要求，编写实验报告并及时上交。

▶ 分析与思考 ◀

（1）为什么要缓慢调节调压器，使电流表的电流达到 $1.1I_{1N}$？

（2）在电源调节升压的过程中应重点监控什么仪表？

（3）短路参数是否受磁路饱和程度的影响？每一组数据求取出的参数是否相等？

（4）短路参数为什么需折算到 75℃？

（5）为什么短路实验所测得的功率即为变压器的铜损耗？

任务 2.4　三相变压器短路阻抗及负载损耗的测量

阻抗电压和负载损耗是电力变压器运行的重要参数，它对于变压器的经济运行以及变压器本身的使用寿命，都有着极其重要的意义；短路阻抗决定一台变压器在系统短路时短路电流大小，影响热稳定和动稳定性，以及变压器发生出口短路事故时电动力的大小；短路阻抗的大小还决定了变压器带负载时二次侧电压变化程度，同时还决定了变压器在电力系统运行时对电网电压波动的影响。短路阻抗还是决定变压器能否并联运行的一个必要条件。

▶ 任务描述 ◀

（1）通过短路实验测取三相变压器的短路参数。

（2）测取三相变压器的短路损耗。

▶ 任务目标 ◀

（1）掌握三相变压器短路实验的方法。

（2）会测定三相变压器的性能数据 $U_k\%$、$I_k\%$、$P_k\%$。

（3）计算三相变压器的短路参数，了解这些参数对变压器性能的影响。

（4）培养学生严谨的工作态度。

▶ 相关知识 ◀

一、预习并回答下列问题

（1）变压器的空载实验和短路实验有什么特点？实验中电源电压一般加在哪一方较合适？

（2）在短路实验中，各种仪表应怎样连接才能使测量误差最小？

（3）如何用实验方法测定三相变压器的铁损耗及铜损耗。为什么短路实验可测变压器铜损耗？

二、标准及技术要求

依据 JB/T 501—2006《电力变压器试验导则》的要求"阻抗电压与负载损耗的测量，应在试品的一个绕组的线端施加额定频率，且近似正弦的电流，另一个绕组短路，各相处于同一个分接位置。测量应在 50％～100％额定电流下进行。为避免绕组发热对试验结果产生明显误差，试验测量应迅速进行；同时准确记录试验时的绕组温度。

对于双绕组变压器，试验只需进行一次，即高压绕组施加电流（低电压），低压绕组短路，试验一次。这样，试验电流较小，为高压侧额定电流，电压较低，是高压侧的阻抗电压，准确性较好。

测量结果的要求：短路阻抗与初值差不超过±3％（注意值），负载损耗偏差+15％，但总损耗不得超过+10％。

三、实验原理接线图

三相变压器短路实验原理接线如图 2-7 所示。

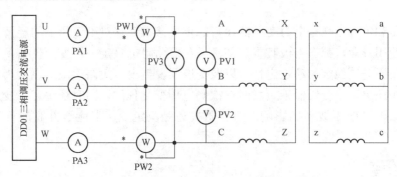

图 2-7　三相变压器短路实验原理接线图

实验作业指导

一、实验前准备工作及安排

1. 任务分工

确定小组成员的任务分工，填写活页表 2-17。任务完成后，相关人员在对应位置签字确认。

2. 主要实验仪器仪表

在实验过程中，用到的实验仪器仪表见活页表 2-18。

3. 危险点分析

在实验过程中，要注意安全操作，通电操作时要避免电压升高过快或者过高。具体危险点可参考活页表 1-4 实验危险点。

4. 安全措施

针对实验特点，小组成员要严格遵守实验室的管理规定，做好安全措施，谨防在实验过程中发生事故。具体措施可参考活页表1-5。

二、实验程序

1. 实验前检查

实验开始前，首先要做好检查准备工作，避免在实验过程中出现事故。应着重检查活页表2-19中所列事项。

2. 实验接线

根据图2-7三相变压器短路实验原理接线在图2-8上画出连接线，经老师检查无误后方可连接实物。

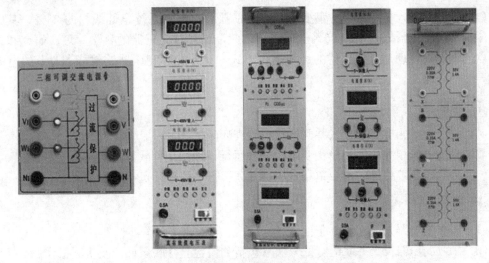

图2-8 三相变压器短路实验实物接线图

画图		审核		老师签字	

3. 通电实验步骤及标准

各小组成员准备完毕，可以按照活页表2-20所列实验步骤进行操作。

4. 验收总结

实验结束后，小组要做好记录，并完成活页表2-21中的内容。

◆ 实验报告 ◆

按照活页中实验报告的要求，编写实验报告并及时上交。

◆ 分析与思考 ◆

(1) 为什么要缓慢调节调压器，使电流表的电流达到 $1.1I_{1N}$？

(2) 在电源调节升压的过程中应重点监控什么仪表？

(3) 短路参数是否受磁路饱和程度的影响？每一组数据求取出的参数是否相等？

（4）短路参数为什么需折算到 75℃？

（5）为什么短路实验所测得的功率即为变压器的铜损耗？

任务 2.5 单相变压器并列运行实验

并联运行是指并联的各变压器的两个绕组，采用同名端子的直接相连方式下的运行方式。变压器并联运行的优点：

（1）提高供电的可靠性。并联运行的变压器如有某台变压器发生故障，可以将它从电网切除进行检修，而电网仍能继续供电。

（2）提高运行效率。可根据负荷大小调整投入并联变压器的台数，从而提高运行效率。

（3）减少总的备用容量。随着用电量的增加，分批安装新的变压器，以减少一次性投资。

（4）降低线损。据统计，各型变压器的总损耗约占电力系统全部线损的 25%，其中配电变压器又占变压器损耗中的 40%～50%。因此，加强对变压器的科学管理、研究和讨论变压器的节能，合理选择变压器的经济运行方式，充分发挥变压器的效能，对节约电能有着重要的经济意义。

◀ **任务描述** ▶

（1）将两台单相变压器投入并联运行，检查环流情况。

（2）阻抗电压相等的两台单相变压器并联运行，计算其负载分配情况。

（3）阻抗电压不相等的两台单相变压器并联运行，计算其负载分配情况。

◀ **任务目标** ▶

（1）掌握变压器并列运行的条件。

（2）学习变压器投入并联运行的方法（包括如何检验并联条件）及实际操作。

（3）研究多台变压器并联运行时，短路电压对负荷分配的影响。

（4）培养学生的节约用电意识。

◀ **相关知识** ▶

一、预习并回答下列问题

（1）单相变压器并联运行的条件。

（2）如何验证两台变压器具有相同的极性。若极性不同，并联会产生什么后果？

（3）阻抗电压对负载分配的影响。

二、标准及技术要求

相关标准及技术要求可参考 GB/T 17468—2008《电力变压器选用导则》。

三、D41 三相可调电阻器

（1）功能：承担负载的作用。

（2）使用方法：由于负载电流较大，负载 R_L 可采用串并联接法（选用 D41 的 90Ω 与 90Ω 并联再与 180Ω 串联，共 225Ω 阻值）的变阻器。

注意：为了人为地改变变压器 2 的阻抗电压，在其二次侧串入电阻 R（选用 D41 的 90Ω 与 90Ω 并联，共 45Ω）。

四、D51 波形测试及开关板

D51 中 S1 是并联开关，S3 是负载开关。

五、实验原理接线图

变压器并列运行实验原理接线如图 2-9 所示。

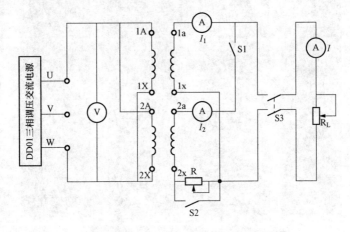

图 2-9　变压器并列运行实验原理接线图

实验作业指导

一、实验前准备工作及安排

1. 任务分工

确定小组成员的任务分工，填写活页表 2-22。任务完成后，相关人员在对应位置签字确认。

2. 主要实验仪器仪表

在实验过程中，用到的实验仪器仪表见活页表 2-23。

3. 危险点分析

在实验过程中，要注意安全操作，通电操作时要避免电压升高过快或者过高。具体危险点可参考活页表 1-4 实验危险点。

4. 安全措施

针对实验特点，小组成员要严格遵守实验室的管理规定，做好安全措施，谨防在实验过程中发生事故。具体安全措施可参考活页表 1-5。

二、实验程序

1. 实验前检查

实验开始前,首先要做好检查准备工作,避免在实验过程中出现事故。应着重检查活页表 2 - 24 所列事项。

2. 实验接线

根据图 2 - 9 变压器并列运行实验原理接线图在图 2 - 10 上画出连接线,经老师检查无误后方可连接实物。

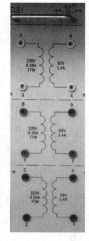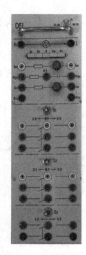

图 2 - 10　变压器并列运行实验实物接线图

画图		审核		老师签字	

3. 通电实验步骤及标准

各小组成员准备完毕,可以按照活页表 2 - 25 所列实验步骤进行操作。

4. 验收总结

实验结束后,小组要做好记录,并完成活页表 2 - 26 中的内容。

实验报告

按照活页中实验报告的要求,编写实验报告并及时上交。

分析与思考

分析实验中阻抗电压对负载分配的影响。

任务 2.6　三相笼形异步电动机启动实验

异步电动机启动方式受电网容量和负载两方面的限制,也是优化节能运行和控制保护元件配置时必须充分考虑的问题。

异步电动机常见的启动方式有直接启动、自耦降压启动、Y-△降压启动、软启动器启动、变频器启动等。

断线缺相启动及运行是异步电动机的常见故障现象，能根据故障现象判定原因是运行维护时必备的常识。

任务描述

（1）三相异步电动机的启动。

1）定子绕组分别加额定电压 U_N、30%U_N、60% U_N 降压启动；

2）Y-△降压启动。

（2）三相异步电动机的反转。

（3）三相异步电动机额定电压下的非正常运行。

1）观察缺相启动状况；

2）观察缺相运行状况。

任务目标

（1）认知异步电动机端子和定子绕组的接线方式。

（2）熟悉三相异步电动机几种常见启动方法。

（3）清楚电机改变转向的方法，学会实际操作。

（4）探讨三相异步电动机的某些非正常运行现象，分析产生这些现象的原因。

（5）激发学生科技报国的家国情怀和使命担当。

相关知识

一、预习并回答下列问题

（1）异步电动机有哪些启动方法和启动技术指标？

（2）异步电动机直接启动时启动电流是额定电流的多少倍？

（3）串电抗器启动、串自耦变压器降压启动、Y-△启动，启动电流分别降为直接启动电流的多少倍？

（4）如何根据电动机额定数据选择电流表、电压表量程？

（5）Y接异步电动机一相绕组断线，电动机能否启动？能否运行？为什么？

（6）△接异步电动机电源断相、绕组断相，电动机能否启动？能否运行？为什么？

二、标准及技术要求

相关标准及技术要求可参考 GB/T 1032—2012《三相异步电动机试验方法》。

三、笼形异步电动机

（1）参数。额定功率：2.2kW，额定电压：220V，额定频率：50Hz，额定功率因数：0.83（滞后），质量：50kg，额定电流：5A，额定接法：△，绝缘等级：E级，额定转速：1450r/min，效率：82%。

（2）笼形异步电动机端子如图 2-11 所示。

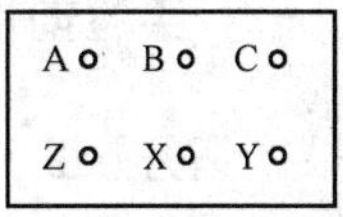

A○　B○　C○

Z○　X○　Y○

图 2-11　笼形异步
电动机端子排列图

23

四、实验原理接线图

1. 直接启动

（1）异步电动机直接启动实验原理接线图和实际接线图如图 2-12 和图 2-13 所示。

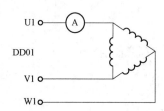

图 2-12　异步电动机直接启动实验原理接线图

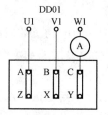

图 2-13　异步电动机直接启动实际接线图

注意：全压启动使用电源 DD01。

2. Y 接降压启动

异步电动机 Y 接降压启动实验原理接线图和实际接线图如图 2-14 和图 2-15 所示。

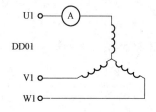

图 2-14　异步电动机 Y 接降压启动实验原理接线图

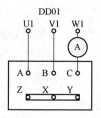

图 2-15　异步电动机 Y 接降压启动实际接线图

3. 调压器降压启动

异步电动机调压器降压启动实验原理接线图和实际接线图如图 2-16 和图 2-17 所示。

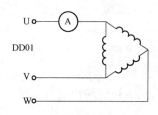

图 2-16　异步电动机调压器降压启动实验原理接线图

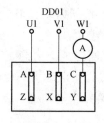

图 2-17　异步机△形端子实际接线图

实验作业指导

一、实验前准备工作及安排

1. 任务分工

确定小组成员的任务分工，填写活页表 2-27。任务完成后，相关人员在对应位置签字确认。

2. 主要实验仪器仪表

在实验过程中，用到的实验仪器仪表见活页表 2-28。

3. 危险点分析

在实验过程中，要注意安全操作，通电操作时要避免电压升高过快或者过高。具体危险点可参考活页表 1-4 实验危险点。

4. 安全措施

针对实验特点，小组成员要严格遵守实验室的管理规定，做好安全措施，谨防在实验过程中发生事故。具体安全措施可参考活页表 1-5。

二、实验程序

1. 实验前检查

实验开始前，首先要做好检查准备工作，避免在实验过程中出现事故。应着重检查活页表 2-29 所列事项。

2. 画出实验接线图

根据图 2-12、图 2-14、图 2-16 所示三种异步电动机启动原理接线图分别在图 2-18 上画出连接线，经老师检查无误后方可连接实物。

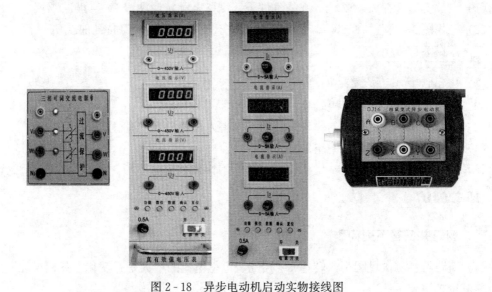

图 2-18　异步电动机启动实物接线图

画图		审核		老师签字	

3. 通电实验步骤及标准

各小组成员准备完毕，可以按照活页表 2-30 所列实验步骤进行操作。

4. 验收总结

实验结束后，小组要做好记录，将结果填入活页表 2-30 中，并完成活页表 2-31 的内容。

按照活页实验报告的要求，编写实验报告并及时上交。

▶ 分析与思考 ◀

（1）对异步电动机电源断相和绕组断相启动情况形成的旋转磁场进行分析？

（2）正常负载下异步电动机能否长期缺相运行？

任务 2.7 三相同步发电机空载、稳态短路特性实验

通过空载实验可求得电机的恒定损耗，恒定损耗包括铁心损耗和机械损耗（含风扇损耗、轴承、电刷等部位的摩擦损耗等）。另外，通过空载实验还可以判断励磁绕组有无匝间短路或定子铁心故障现象，检查电机装配及结构方面的一些问题，简单地检查电机的噪声和振动水平。

三相稳态短路特性曲线是用于求取直轴同步电抗 X_d、短路比等很多参数的主要依据。通过分析这些参数，可以进一步了解电机的设计水平和改进方向。判断转子绕组有无匝间短路现象。

▶ 任务描述 ◀

（1）空载实验：在 $n=n_N$，$I=0$ 的条件下，测取空载特性曲线 $U_0=f(I_f)$。

（2）三相短路实验：在 $n=n_N$，$U=0$ 的条件下，测取三相短路特性曲线 $I_k=f(I_f)$。

▶ 任务目标 ◀

（1）认知同步发电机端子和定子回路的接线方式。

（2）掌握实验中调整同步机转速的方法。

（3）认知发电机励磁回路的作用和接线，掌握发电机电压的建立和调节方法。

（4）测取三相同步发电机的空载和短路特性。

（5）了解行业发展，激发学生科技报国的家国情怀和使命担当。

▶ 相关知识 ◀

一、预习并回答下列问题

（1）短路特性测试过程中，转速 $n=n_N$ 随着电枢电流的增大是否变化？如何变化？如何调节使其维持恒定。

（2）直流电机的实验接线及调节请参看直流电动机启动实验。

（3）在同步发电机独立运行时，如何调节发电机的转速？通过调节哪个量可改变空载电压的高低？

二、标准及技术要求

GB/T 1029—2005《三相同步电机试验方法》对三相同步电机的试验方法作了具体规定，适用于普通三相同步发电机的型式试验或检查试验。通过试验可以确定该电机各性能

指标。各种电机的效率和电压调整率均在部颁标准的相应技术条件中有具体规定，将试验结果与标准规定数据比较即可确定某同步发电机的质量和性能。

三、直流复励电动机 DJ15

（1）功能：发电机的原动机，拖动三相同步发电机 GS 旋转。

（2）使用方法：按并励方式连接。注意，启动时要满励磁，先接通励磁回路，且不能断开。

（3）励磁电源的接入：DJ15 直流复励电动机 MG 采用并励方式，利用 DD01 控制屏的可调电枢电源来调节 MG 的励磁电流的大小，启动时应满励磁，三相同步发电机的励磁绕组采用模块 D52 上 24V 励磁电源，大小通过调节电压实现。直流复励电动机和三相同步电机的励磁绕组接入时需注意极性。

四、三相同步发电机 GS

同步发电机为 DJ18 三相同步发电（电动）机，凸极式结构，星形连接，其参数如下：额定功率：发电机 170VA，电动机 90W；额定电压：220V；额定电流：0.35/0.45A 额定频率：50Hz；额定转速：1500r/min；额定励磁电压：10/14V；额定励磁电流：0.8/1.2A。

五、实验原理接线图

三相同步发电机空载实验原理接线如图 2-19 所示。

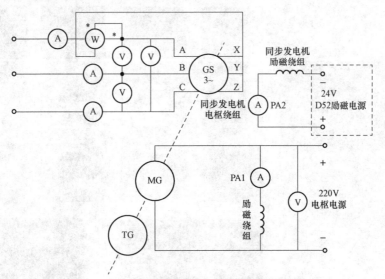

图 2-19　三相同步发电机空载实验原理接线图

◆—■ **实验作业指导** ■—◆

一、实验前准备工作及安排

1. 任务分工

确定小组成员的任务分工，填写活页表 2-32。任务完成后，相关人员在对应位置签字确认。

2. 主要实验仪器仪表

在实验过程中，用到的实验仪器仪表见活页表 2 - 33。

3. 危险点分析

在实验过程中，要注意安全操作，通电操作时要避免电压升高过快或者过高。具体危险点可参考活页表 1 - 4。

4. 安全措施

针对实验特点，小组成员要严格遵守实验室的管理规定，做好安全措施，谨防在实验过程中发生事故。具体安全措施可参考活页表 1 - 5。

二、实验程序

1. 实验前检查

实验开始前，首先要做好检查准备工作，避免在实验过程中出现事故。应重点检查活页表 2 - 34 所列事项。

2. 画出实验接线图

根据图 2 - 19 三相同步发电机空载实验原理接线图在图 2 - 20 上画出连接线，经老师检查无误后方可连接实物。

图 2 - 20　三相同步发电机空载实验实物接线图

画图		审核		老师签字	

3. 通电实验步骤及标准

各小组成员准备完毕，可以按照活页表 2 - 35 所列实验步骤进行操作。

4. 验收总结

实验结束后，小组要做好记录，将结果填入活页表 2 - 35 中，并完成活页表 2 - 36 的内容。

> **实验报告**

按照活页实验报告的要求，编写实验报告并及时上交。

> **分析与思考**

（1）空载实验时，测量点的疏密怎样选择？为什么？

（2）为什么测短路特性时，转速不必严格保持同步转速，而测其他特性需要严格保持同步转速？

任务 2.8　三相同步发电机并网及解列运行实验

发电厂里的同步发电机一般都是并联在电网上运行，共同提供给负载功率，所以并网运行是同步发电机的主要运行方式。发电机只有满足一定的技术条件和要求，方能安全平稳地将发电机合闸并入电网，否则并网时在发电机和电网中都会产生大的冲击电流，影响发电机安全和电力系统的稳定。

将发电机投入到电网并联所进行的操作过程，称为整步过程，简称同步。同步有一系列的操作与调节，主要是调节原动机转速和同步发电机的励磁，同步的方法有准同步（期）法和自同步法两种。

> **任务描述**

（1）熟悉交叉接线法（又称灯光旋转法）在各种并网条件不满足时的实验现象。

（2）用准同步法将三相同步发电机投入电网并联运行。

（3）解列并网发电机。

> **任务目标**

（1）掌握三相同步发电机并网之前转速（频率）、电压的调节方法。

（2）了解并网条件测试的不同方法，探究各种并网条件不满足时的实验现象。

（3）掌握同步发电机投入电网并联运行的操作方法和步骤。

（4）掌握已并网发电机解列的过程及操作方法。

（5）培养学生严谨、精益求精的职业素养。

> **相关知识**

一、预习并回答下列问题

（1）三相同步发电机投入电网并联运行有哪些条件？不满足这些条件将产生什么后果？如何满足这些条件？

（2）灯光旋转法是怎样接线的？如何判断其相序是否正确？如何选择投入瞬间？如果

按旋转灯光法接线结果是同亮同暗，说明什么？能否合闸并网？

二、标准及技术要求

标准及技术要求可参考 GB 755—2000《旋转电机基本技术要求》。

三、实验设备

三相同步发电机 GS 选用 DJ18，GS 的原动机采用 DJ15 直流复励电动机 MG。R_{st} 选用 D44 上 180Ω 电阻，R_{f1} 选用 D44 上 180Ω 阻值，R_{f2} 选用 D41 上 90Ω 与 90Ω 并联再与 180Ω 串联共 225Ω 阻值，R 选用 D41 上 90Ω 固定电阻。开关 S1 选用 D52 挂箱，S2 选用 D53 挂箱。并把开关 S1 打在"关断"位置，开关 S2 合向固定电阻端。

三相同步发电机与电网并联运行必须满足下列条件：

（1）发电机的频率和电网频率要相等；

（2）发电机和电网电压大小相等，相位相同；

（3）发电机和电网的相序要相同。

为了检查这些条件是否满足，可用电压表检查电压，用灯光旋转法检查相序和频率。

四、实验原理

首先了解交叉接线法。同步指示灯交叉接线法如图 2-21 所示。指示灯 2 和 3 的下方交叉接于发电机 C 相和 B 相。显然由图 2-21 可看出，指示灯 1 所承受的电压仍为 A_1 和 A 点的电压差，指示灯 2 和 3 所承受的电压分别是 B_1、C 点的电压差和 C_1、B 点的电压差。

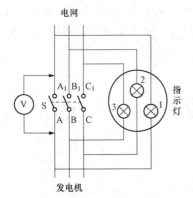

图 2-21 同步指示灯交叉接线法

若假设开关 S 两端的相序是相同的，且已调节发电机电动势 E_0 与电网电压 U 有效值相等，而频率稍有差别，则 $\dot{E}_0$ 和 $\dot{U}$ 的相位差在不断变化，此时发电机和电网电压的相量如图 2-22 所示。

由图 2-22（a）可知，开关 S 两端的 A_1、B_1、C_1 与 A、B、C 电压相量完全重合，此时指示灯 1 熄灭，指示灯 2、3 明亮，该瞬时可以立即合闸。

图 2-22（b）中两组电压相量相位差为 120°，此时指示灯 2 熄灭，指示灯 1、3 明亮。

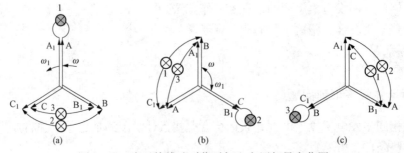

图 2-22 交叉接线法时指示灯上电压相量变化图

（a）指示灯 1 熄灭；（b）指示灯 2 熄灭；（c）指示灯 3 熄灭

图 2 - 22 (c) 中两组电压相量对于图 2 - 22 (b)，再转过 120°，此时指示灯 3 熄灭，指示灯 1、2 明亮。

由上述分析可知，交叉接线法的实验现象是灯光轮流熄灭，形成旋转灯光，则表示相序相同，在指示灯 1 熄灭瞬间表示发电机与电网电压的相位也相同，此刻为并网合闸的最佳时点。反之，按交叉接线法接线，若发现三个指示灯光同时明暗，则表示相序反了，绝对不能合闸，应调整接线后再并网。

三相同步发电机并网实验原理接线如图 2 - 23 所示，可以按照实验要求选择合适仪表。

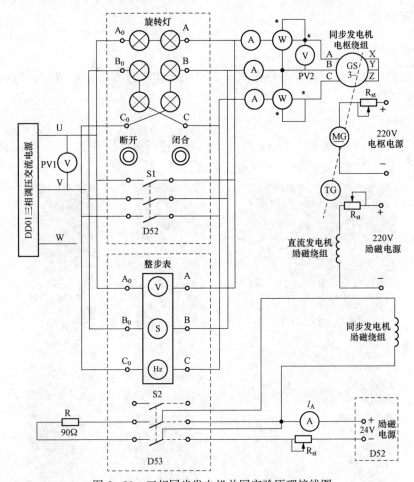

图 2 - 23　三相同步发电机并网实验原理接线图

实验作业指导

一、实验前准备工作及安排

1. 任务分工

确定小组成员的任务分工，填写活页表 2 - 37。任务完成后，相关人员在对应位置签字确认。

2. 主要实验仪器仪表

在实验过程中，用到的实验仪器仪表见活页表 2 - 38。

3. 危险点分析

在实验过程中，要注意安全操作，通电操作时要避免电压升高过快或者过高。具体危险点可参考活页表 1-4 实验危险点。

4. 安全措施

针对实验特点，小组成员要严格遵守实验室的管理规定，做好安全措施，谨防在实验过程中发生事故。具体安全措施可参考活页表 1-5。

二、实验程序

1. 实验前检查

实验开始前，首先要做好检查准备工作，避免在实验过程中出现事故。应重点检查活页表 2-39 所列事项。

2. 实验接线

根据图 2-23 所示三相同步发电机并网实验原理接线图画出图 2-24 上发电机并网实验实物接线图，经老师检查无误后，方可连接实物。

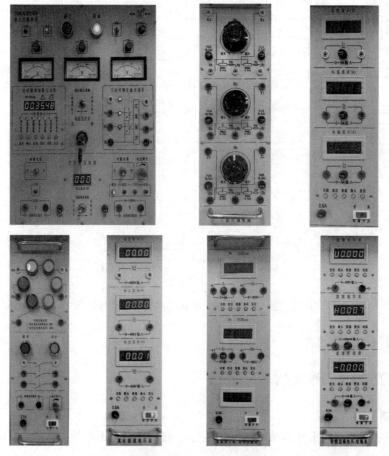

图 2-24　发电机并网实验实物接线图

画图		审核		老师签字	

三、通电实验步骤及标准

1. 实验步骤

各小组成员准备完毕，可以按照活页表 2 - 40 所列实验步骤进行操作。

2. 验收总结

实验结束后，小组要做好记录，并完成活页表 2 - 41 中的内容。

实验报告

按照活页实验报告的要求，编写实验报告并及时上交。

分析与思考

（1）并联运行条件不满足时并网将会引起什么后果？

（2）发电机正常解列时，为什么要调有功功率和无功功率均为零？这时的定子电流是多少？

（3）将发电机定子的三根相线顺序调相（即 A→B→C→A）但相序不变，分析是否能够并网，并说明相序和相别的区别。

（4）发电机在停机状态，其机端三相引线未拆除，合上并网开关接通系统电压，分析会产生什么后果？

任务 2.9　同步发电机并网功率调节实验

同步发电机并网后，调节其输出的有功功率和无功功率大小是运行人员日常操作的主要项目。通过该实验可以明确调节过程中各个物理量之间的关系；通过 V 形特性曲线的测取，对发电机的各种运行状态和稳定运行进行更深入的理解。

任务描述

（1）三相同步发电机投入电网并联运行的条件与操作方法。

（2）三相同步发电机并联运行时有功功率与无功功率的调节。

1）测取当输出功率等于 0 时三相同步发电机的 V 形特性曲线；

2）测取当输出功率等于 0.5 倍额定功率时三相同步发电机的 V 形特性曲线。

任务目标

（1）掌握三相同步发电机投入电网并联运行的条件与操作方法。

（2）掌握三相同步发电机并联运行时有功功率与无功功率的调节方法。

（3）掌握测绘 V 形特性曲线。

（4）增强学生的民族自豪感和对电力职业的认同感。

相关知识

一、预习并回答下列问题

（1）三相同步发电机投入电网并联运行有哪些条件？不满足这些条件将产生什么后果？

如何满足这些条件?

（2）三相同步发电机投入电网并联运行时怎样调节有功功率和无功功率? 调节过程又是怎样的?

（3）同步发电机解列（由电网切除）的方法。

二、标准及技术要求

GB/T 1029—2005《三相同步电机试验方法》中规定:同步电机的 V 形特性可在发电机状态下求取,也可以在电动机状态下求取。在发电机状态下的试验操作如下:被试发电机在额定电压和某恒定输出功率下,由大到小调节励磁电流,读取输出功率、电枢电流及励磁电流。在不同的输出功率下进行上述试验 6 次,一般取额定输出功率的 0.25、0.5、0.75、1.0、1.25 倍六个功率值,另外再加一个空载状态试验值。将各组测试数据绘在一个坐标中即得 V 形特性曲线。

三、实验设备及仪表

1. 直流复励电动机

打开电枢电源在满励磁的状态下使其转速达到 1500r/min。

实验过程中应注意:励磁电流不要调得过小或过大,以免引起电动机运行不稳定或失步,如果出现运行不稳定或失步现象,应立即将励磁电流恢复到原来数值,当发生严重失步时,应立即卸去全部负载,以免电动机受损。

2. 相关仪表

（1）智能直流电压表,量程 0～300V。

（2）智能直流毫安表,量程 0～1000mA。

（3）智能直流安培表,量程 0～5A。

四、实验原理

1. 发电机并网后的功率调节

（1）有功功率的调节。同步发电机并网后,若希望增加发电机输出的有功功率,根据功率平衡的观点,只有增加原动机的输入功率。

实验中所用的原动机为直流电动机,在同步发电机并网的条件下,转速是不变的,若要改变直流电动机的输出功率,则应调节直流电动机的励磁电流或调节直流电动机的电枢电压。

（2）无功功率的调节。与电网并联的同步发电机,不仅要向电网输出有功功率,还要输出无功功率。一般通过调节发电机的励磁电流,改变其输出的无功功率大小。

2. V 形特性曲线的测取

V 形特性曲线:并联于无穷大电网的同步发电机,保持有功功率不变时,调节同步发电机的励磁电流,电枢电流随励磁电流变化的规律为 V 形特性曲线,如图 2-25 所示。同步发电机 V 形特性曲线关系式为 $I = f(I_f)$。

V 形特性曲线的基本特点:

（1）每条曲线的最低点:$\cos\varphi = 1$,为"正常励磁"状态,连线向右倾斜;如果由此值

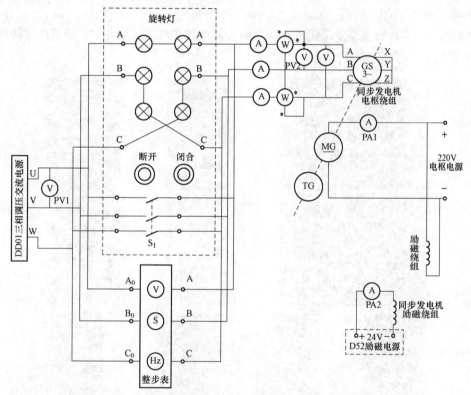

增大励磁电流（称为"过励"），则电枢电流增大，并发出感性无功功率；如果由此值减小励磁电流（称为"欠励"），则电枢电流也增大，并发出容性无功功率。

（2）不稳定区域边缘：$\delta=90°$，连线向右倾斜。

（3）每条曲线上的电流变化量 ΔI 为无功电流分量。

通电前确保励磁支路完好，避免直流电动机出现"飞车"现象。

图 2-25　同步发电机 V 形特性曲线

3. 实验原理

同步发电机准同期并网实验原理接线如图 2-26 所示。

图 2-26　同步发电机准同期并网实验原理接线图

实验作业指导

一、实验前准备工作及安排

1. 任务分工

确定小组成员的任务分工，填写活页表 2-42。任务完成后，相关人员在对应位置签字确认。

2. 主要实验仪器仪表

在实验过程中，用到的实验仪器仪表见活页表 2-43。

3. 危险点分析

在实验过程中，要注意安全操作，通电操作时要避免电压升高过快或者过高。具体危险点可参考活页表 1 - 4。

4. 安全措施

针对实验特点，小组成员要严格遵守实验室的管理规定，做好安全措施，谨防在实验过程中发生事故。具体安全措施可参考活页表 1 - 5。

二、实验程序

1. 实验前检查

实验开始前，首先要做好检查准备工作，避免在实验过程中出现事故。应重点检查活页表 2 - 44 所列事项。

2. 实验接线

根据图 2 - 26 所示同步发电机准同期并网实验原理接线图在图 2 - 27 画出连接线，经老师检查无误后，方可连接实物。

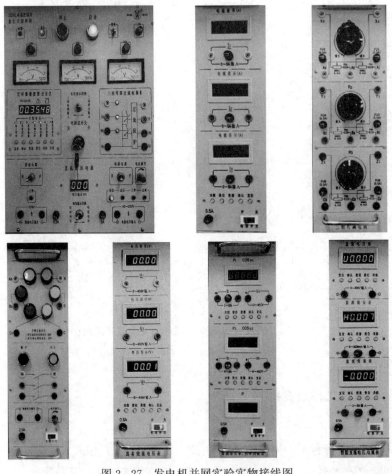

图 2 - 27　发电机并网实验实物接线图

画图		审核		老师签字	

三、通电实验步骤及标准

1. 实验步骤

各小组成员准备完毕，可以按照活页表 2-45 所列实验步骤进行操作。

2. 验收总结

实验结束后，小组要做好记录，并完成活页表 2-46 中的内容。

实验报告

按照活页实验报告的要求，编写实验报告并及时上交。

分析与思考

（1）原动机不调节而调节励磁电流改变无功功率时，分析有功功率是否变化？

（2）励磁电流不调节而调节有功功率时，分析无功功率是否变化？

电动机控制技能训练

任务 3.1　实训工器具、仪表认知与使用

任务描述

（1）常用工具的认知与使用。

（2）常用仪表的认知与使用。

任务目标

（1）培养学生安全意识和认真、严谨的工作态度。

（2）培养学生团队协作能力。

任务 3.1.1　电力安全帽的认知与佩戴

相关知识

电力安全帽是重要的个人安全防护用品，维护着电力工作人员的头部安全，避免或降低触电、重物掉落和跌落时对人员的伤害。

1. 安全帽基本结构

如图 3-1 所示，安全帽主要由帽壳、帽衬和下颏带三部分组成。

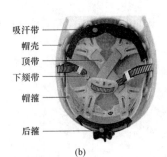

（a）　　　　　　　　　　　　（b）

图 3-1　安全帽

（a）外观；（b）基本结构

帽壳：主要承受打击物的冲击和穿刺动能，帽壳采用半球形，表面光滑，易于滑走坠

落物，减少冲击的时间。

帽衬：帽衬是帽壳内直接与佩戴者头顶部接触部件的总称，由顶带、吸汗带、帽箍、旋钮等组成。帽壳和帽衬之间留有 25～50mm 的间隙，当有物体掉落到安全帽壳上时，帽衬可起到缓冲作用，减轻对颈椎的伤害。通过调节安全帽后面的旋钮可以改变帽子的大小。

下颏带：辅助保持安全帽的状态和位置。

2. 安全帽佩戴前检查

佩戴前检查安全帽各配件是否齐全，严禁使用没有帽衬的安全帽；检查帽壳与帽衬连接是否良好，装配是否牢固，帽衬与帽壳间隙是否合格；检查安全帽是否在使用期限内；检查有无破损。安全帽在使用过程中会逐渐损坏，所以要定期检查，发现异常现象要立即更换，不得继续使用。安全帽在使用时受到较大冲击后，无论是否发现帽壳有明显的断裂纹或变形，都应停止使用。

3. 安全帽使用注意事项

（1）根据使用者头的大小，将帽箍长度调节到对头部稍有约束感，用双手试着左右转动安全帽，达到基本不能转动但不难受的程度，以不系下颏带低头时安全帽不会脱落为宜。

（2）系下颏带，下颏带应紧贴下颏，松紧以下颏有约束感，但不难受为宜。

（3）女生佩戴安全帽应将头发放进帽衬。

（4）进入施工现场必须戴安全帽，要做到"人在帽在"，施工人员在现场作业中，不得将安全帽取下搁置一旁；在现场或其他任何地点，不得将安全帽作为坐垫使用。

实训作业指导

（1）两人一组，熟悉安全帽基本结构，练习佩戴方法。

（2）指导教师提问并检查佩戴质量。

任务 3.1.2　数字式万用表认知与使用

相关知识

数字式万用表是一种多用途的电子测量仪表，可用来测量电压、电流、电阻、电容等参数。其实物如图 3-2 所示。

下面介绍数字式万用表主要功能。

一、电阻测量

（1）将黑色表笔插入 COM 插孔，红色表笔插入 Ω 插孔。

（2）将量程开关置于 Ω 量程挡位，并将测试表笔并接到待测电阻上。

（3）为了确保测量准确度，600Ω 量程挡被测值的计算式为：被测值＝测量显示值－表笔短路值。

（4）如果被测电阻值超出选择量程的额定值，仪表显示 "OL"

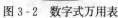
图 3-2　数字式万用表

（OVER LOAD），应选择更高的量程，对于大于 1MΩ 或更高的电阻，要几秒钟稳定后读数。

（5）当无输入时，例如开路情况，仪表显示为"OL"。

（6）当检查内部线路阻抗时，被测线路必须断开所有电源，电容电荷放尽。

二、蜂鸣器通断测试

将黑色表笔插入 COM 插孔，红色表笔插入 V 插孔，量程开关置于"•))"挡，并将表笔连接到待测电路，如果被测量二端之间电阻大于 100Ω，认为电路断路，蜂鸣器无声；被测二端之间电阻不大于 10Ω，认为电路良好导通，蜂鸣器连续声响。

三、开关机

（1）在测量过程中，旋钮开关若 15min 内无拨动，则仪表将自动关机以节能。自动关机前约 1min 蜂鸣器会连续发出 5 声警示，关机前蜂鸣器会发 1 长声警示。

（2）在自动关机状态下按任何按键，仪表会自动唤醒，或将旋钮旋至 OFF 后再重新开机。

（3）关机状态按住 HOLD 键后再上电开机，蜂鸣连续发出 3 声提示，自动关机功能被取消。当自动关机功能取消时，每 15min 会连续发出 5 声警示，关机后再次打开则恢复自动关机功能。

（4）背光功能。常按 HOLD 键不小于 2s，则背光灯被打开，约开启 15s 后会被自动关闭，如背光开启后再按此键不小于 2s 则背光灯被关闭。

四、其他使用说明

（1）液晶显示"▮▮▯"符号时，应及时更换电池，以确保测量准确度。

（2）测量完毕应及时关断电源，长期不用时，应取出电池。

（3）不要在湿度大、温度高的环境中使用，尤其不要在潮湿环境中存放，受潮后的仪表性能可能变劣。

（4）如发现仪表有任何异常，应立即停止使用。

▶ 实训作业指导 ◀

（1）两人一组，熟悉万用表使用方法。

（2）写出使用万用表测量元件电阻的测试过程，经指导教师检查无误后进行测量并记录测量结果，判断元件质量，将结果交由指导教师检查。

（3）万用表电量不足时请及时更换电池。

（4）爱护仪表，轻拿轻放。

任务 3.1.3 验电笔认知与使用

▶ 相关知识 ◀

验电笔是最常用的电工安全用具，用于检测设备、导线是否带电。常用的有氖管式和数字显示式。下面以数字显示式验电笔（简称数字式验电笔）为例介绍验电笔的基本结构、使用方法及注意事项等。

一、验电笔功能与基本结构

如图 3-3 所示，数字式验电笔主要由直接键、感应键、显示屏、LED 灯、金属探头组成，具有直接测量和感应断点测量两大功能。

二、验电笔使用注意事项

（1）使用前要根据所测设备的电压等级选择合适电压等级的验电笔，否则有可能会危及人身安全或造成错误判断。

（2）验电前应对验电笔进行自检，对于安装电池的数字式验电笔，使用前需要先检测内部电池情况。自检方法如图 3-4 所示，一手拿着验电笔前端的金属探头，一手按着直接检测键，通过人体形成自检回路，检测灯亮表示验电笔电池充足，不亮表示需要更换电池。在背后面板可以更换电池。

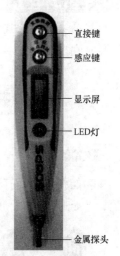

图 3-3　数字式验电笔

直接键
感应键
显示屏
LED 灯
金属探头

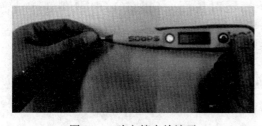

图 3-4　验电笔自检演示

（3）检查验电笔是否受潮或进水。

（4）在确定有电的带电体上验证验电笔功能是否正常，一切正常后方可投入使用。

（5）测试过程中，勿用手触及验电笔前端的金属探头以免发生触电事故；使用中一定要用手触及验电笔的测试键（直接键或感应键），否则虽然指示灯没有发光，但因为带电体、验电笔、人体和大地并没有形成回路，不能正确判断测试体是否带电，一旦误判将非常危险。

（6）测试时不能同时接触直接检测键和感应断点检测键两个按键，否则会影响灵敏度及测试结果。

（7）测试过程中验电笔一定要逐渐靠近带电体，以防发生意外。

三、验电笔使用方法

（1）直接测量方法。如图 3-5 所示，一手按着直接检测键（DIRECT），用验电笔金属探头直接去接触带电体，显示屏显示亮的数字中的最后的一组数字就是被测的电压值。

显示为 12^V，读数：12V；

显示为 12^V36^V，读数：36V；

显示为 $12^V36^V55^V$，读数：55V；

显示为 $12^V36^V55^V110^V$，读数：110V；

显示为 $12^V36^V55^V110^V220$，读数：220V。

（2）感应断点测试。一手按着感应断点检

图 3-5　直接测量演示

测键（INDUCTANCE），将金属探试头逐渐接近电源线，如果电源线带电，显示屏会出现高压符号，沿着电线移动测试头，如果带电符号消失，表示此处为电线断路点。

实训作业指导

(1) 熟悉验电笔基本结构、使用方法。

(2) 在交流 220V 插座上判断相线、中性线，并正确读数。

任务 3.1.4　多功能剥线钳认知与使用

相关知识

多功能剥线钳具有剥线、剪切、夹持、弯钩等功能，如图 3-6 所示，钳口左侧标注的 AWG 是美制电线标准值，对应右边的公制导线外径（单位：mm）。

图 3-6　剥线钳

一、剥线钳剥线方法

(1) 根据导线直径，选用合适的刀片孔径。

(2) 将导线放在刀刃中间，选择好要剥线的长度。

(3) 握住手柄同时稍用力向外拉，即可剥落导线绝缘层。

(4) 松开手柄，取出导线。

二、剥线钳断线方法

(1) 将导线放在刀口中间，选择好要断线的位置。

(2) 握住剥线钳手柄，导线断开。

三、剥线钳使用注意事项

(1) 避免在带电情况下使用。

(2) 剥线时不能把导线朝着自己，也不能朝着他人，防止被绝缘皮伤到。

(3) 剥线钳使用完毕后，用卡扣锁住。

实训作业指导

(1) 熟悉剥线钳基本结构、使用方法、注意事项。

(2) 剥线练习，使用剥线钳剥去单股导线绝缘层，要求不要伤及导线线芯。

(3) 剪线练习，使用剥线钳刀口剪去单股导线线头。

任务 3.1.5　尖嘴钳认知与使用

相关知识

如图 3-7 所示，尖嘴钳的头部尖细，适用于狭小的工作空间操作，可用于切断较细的导线、金属丝，夹持小螺钉、垫圈，并可将导线端头弯曲成形。

（1）熟悉尖嘴钳基本结构、使用方法、操作注意事项。

（2）练习尖嘴钳的弯线功能，把剥好的导线头弯成U形。

图 3-7　尖嘴钳

任务 3.1.6　断线钳认知与使用

相关知识

图 3-8 所示断线钳，又称斜口钳、扁嘴钳，电工常用的是绝缘柄断线钳，适用于狭小的工作空间操作，用于剪切较粗的金属丝、线材和电线电缆。本任务主要是剪断扎带带尾。

断线钳使用时手指不要放在钳子手柄中间，以免夹伤手指。

实训作业指导

（1）熟悉断线钳基本结构、使用方法、注意事项。

图 3-8　断线钳

（2）练习使用断线钳剪断扎带带尾。

任务 3.1.7　螺丝刀认知与使用

相关知识

图 3-9 所示螺丝刀，又称起子、改锥，是一种紧固和拆卸螺钉的工具。螺丝刀按头部形状分为一字形和十字形，按绝缘强度又分为普通型和带电型。使用普通螺丝刀时要戴绝缘手套，为了防止金属杆触及皮肤或触及邻近带电体造成触电，应在金属杆上套上绝缘管。

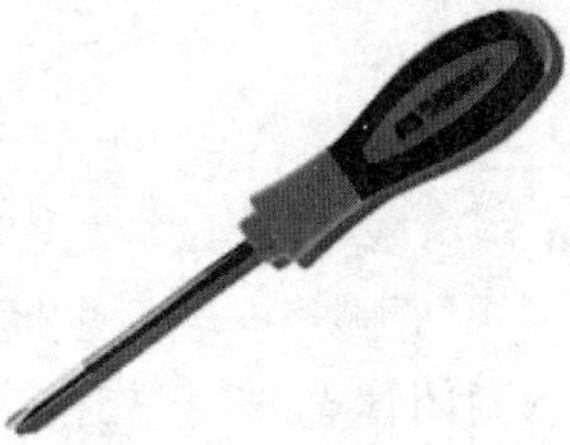

实训作业指导

（1）使用十字螺丝刀拆装接线端子板接线螺钉。

（2）戴手套操作。

图 3-9　螺丝刀

任务 3.2　常用低压电器认知与使用

相关知识

电器是一种能根据外界的信号和要求，手动或自动地接通、断开电路，以实现对电路或非电对象的切换、控制、保护、检测、变换和调节的元件或设备。

低压电器是指工作电压在交流 1200V、直流 1500V 及以下的电器，可分为配电电器和控制电器两大类。

常用的低压电器有熔断器、负荷开关、接触器、低压断路器、热继电器、时间继电器、主令电器等。

任务描述

(1) 常用低压电器基本结构、工作原理的认知。

(2) 常用低压电器的使用。

任务目标

(1) 掌握基本用电安全操作规程。

(2) 掌握常用低压电器的基本结构和动作原理。

(3) 掌握常用低压电器的电气符号和端子号。

(4) 掌握常用低压电器的基本安装方法和操作方法。

任务 3.2.1 熔断器认知与使用

相关知识

熔断器是一种最简单的过电流保护电器，当电路中发生短路或严重过载时，串联在电路中的熔断器熔体首先熔断，使电路断开，从而起到保护作用。它基本结构简单、体积小、价格便宜，广泛应用在低压电路中。

一、熔断器电气符号

熔断器电气符号如图 3-10 所示。

图 3-10　熔断器
电气符号

二、熔断器型号含义

①②③④ － ⑤ / ⑥⑦

"①" 名称：R 代表熔断器。

"②" 形式：C－瓷插式；L－螺旋式；M－无填料封闭管式；T－有填料封闭管式；S－快速式；Z－自复式；X－报警信号。

"③" 设计代号：用 1～2 位数字表示。

"④" 派生代号：用 1 个拼音字母表示。

"⑤" 熔断器额定电流 (A)，对 RS 系列为额定电压 (V)。

"⑥" 熔体额定电流 (A)，对 RM 系列为额定电压，对 RT 系列为接线方式 (Q－底座板前接线；H－板后接线；M－母线式)。

"⑦" 对 RT 系列为熔体额定电流。

三、熔断器常用系列产品

1. 瓷插式熔断器

常用 RC1A 系列瓷插式熔断器基本结构如图 3-11 所示，它主要由瓷盖、瓷座、动触头、静触头及熔体等组成。瓷盖和瓷底均用电工瓷制成，电源线及负载线可分别接在瓷底两端的静触点上。瓷座中间有一空腔，与瓷盖突出部分构成灭弧室。容量较大的熔断器在灭弧室中还垫有熄弧用的编织石棉。

该系列熔断器价格便宜，更换方便，广泛用于照明和小容量电动机的短路保护。

2. 螺旋式熔断器

如图 3-12 所示，RL1 系列螺旋式熔断器主要由瓷帽、熔管、瓷套、上接线端、下接线端及瓷座等组成。熔管内装有熔体和石英砂，熔体焊在熔管两端金属盖上，其上端盖中央有一熔断指示器（有色金属小圆片），熔断器熔断后，有色金属片自动脱落，透过瓷帽上的玻璃可以观察到。石英砂的主要作用是熄灭电弧。

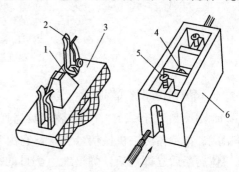

图 3-11　RC1A 系列瓷插式熔断器
1—熔体；2—动触头；3—瓷盖；4—空腔；
5—静触头；6—瓷座

在接线时，用电设备的连接线应接到连接金属螺纹壳的上接线端，电源线应接到瓷座上的下接线端。这样在更换熔管时，旋出瓷帽后螺纹壳上不会带电，保证了人员安全。

RL1 系列螺旋式熔断器一般用于配电线路中作为过载和短路保护。由于具有较小的安装面积，故亦常用于机床控制电路来保护电动机。

3. 无填料封闭管式熔断器

如图 3-13 所示，RM10 系列无填料封闭管式熔断器是一种可拆卸的熔断器。当熔体熔断后，用户可以自行拆开，重新装入新的熔体，检修方便，恢复供电较快。熔断器的熔体用锌片冲制成变截面形状，当过载电流或短路电流通过时，

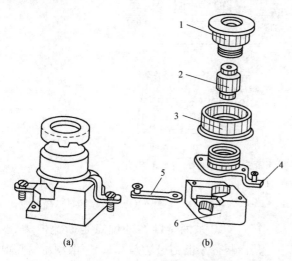

图 3-12　RL1 系列螺旋式熔断器
（a）外形；（b）基本结构
1—瓷帽；2—熔管；3—瓷套；4—上接线端；
5—下接线端；6—瓷座

窄处温度上升较快，首先达到熔化温度而熔断。

该熔断器被广泛应用于发电厂和变电站的电动机保护和低压断路器合闸控制回路的保护等。

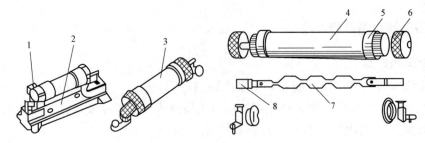

图 3-13 RM10 系列无填料封闭管式熔断器

1—夹座；2—底座；3—熔管；4—钢纸管；5—黄铜套管；6—黄铜帽；7—熔体；8—触刀

4. 有填料封闭管式熔断器

如图 3-14 所示，RT0 系列有填料封闭管式熔断器主要由熔管、指示器、填料和熔体等组成。指示器为一机械信号装置，它由与熔体并联的康铜丝及压缩弹簧等零件组成，能在熔体熔断后立即烧断，弹出红色醒目的指示件，作为熔断信号；填料采用纯净的石英砂粒，用来冷却电弧，使电弧迅速熄灭。熔体采用紫铜薄片的网状多根并联形式，具有提高断流能力的变载面和增加时的锡桥结构，使熔断器具有良好的保护性能。

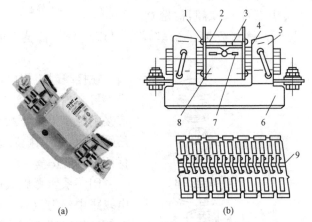

(a)　　　　　　　　　(b)

图 3-14 RT0 系列有填料封闭管式熔断器外形与基本结构图

(a) 外形；(b) 基本结构

1—熔断指示器；2—石英砂填料；3—指示器熔丝；4—插刀；5—夹座；6—底座；7—熔体；8—熔管；9—锡桥

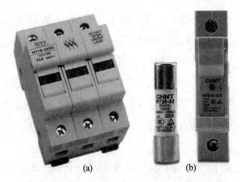

图 3-15 导轨式有填料封闭管式熔断器

(a) RT18 系列；(b) RT28 系列

RT0 系列熔断器的优点是断流能力大，其极限分断能力可达 50kA，一般用于短路电流较大的低压电路。缺点是制造工艺较复杂，且熔体不能更换，一旦熔体熔断，整个熔管也随之报废。

目前常用的有填料封闭管式熔断器还有 RT18、RT28 系列导轨式有填料封闭管式熔断器，如图 3-15 所示。

（1）两人一组，进行熔断器拆装练习，了解熔断器基本结构。

（2）识绘熔断器电气符号，并标注端子号。

（3）进行熔断器熔管（熔体）更换练习。

任务 3.2.2　交流接触器认知与使用

▶ **相关知识** ◀

交流接触器主要用于频繁地接通和分断交流主电路及大容量控制电路，并可实现远距离控制。交流接触器主要控制对象通常是电动机，也可控制其他电力负荷，具有操作方便、动作速度快、灭弧性能好等特点，在自动控制系统中得到广泛应用。

一、交流接触器电气符号

交流接触器电气符号如图 3-16 所示。

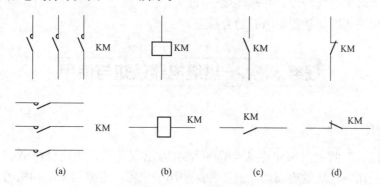

图 3-16　交流接触器电气符号
（a）主触点；（b）线圈；（c）辅助动合触点；（d）辅助动断触点

二、交流接触器基本结构

交流接触器基本结构如图 3-17 所示，由触点系统、电磁系统（线圈、动铁心、静铁心）、弹簧等组成。

三、交流接触器动作原理

如图 3-18 所示，交流接触器是采用电磁感应原理，通过电磁力带动触点系统发生状态改变。当线圈通电时，静铁心产生电磁吸力，将动铁心吸合，由于触点系统是与动铁心联动的，因此动铁心带动所有动触片同时位移，动断触点断开，动合触点闭合。此时，静铁心上的短路环起到减震的作用。当线圈断电时，吸力消失，动铁心联动部分依靠弹簧的反作用力而分离，使动合触点断开复位，动断触点闭合复位。

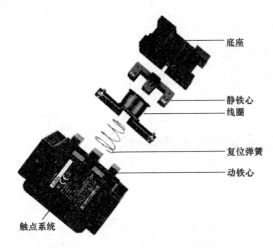

底座

静铁心
线圈

复位弹簧

动铁心

触点系统

图 3-17　交流接触器实物基本结构展开图

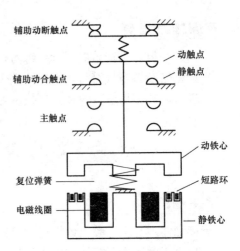

辅助动断触点

动触点
静触点

辅助动合触点

主触点

复位弹簧

动铁心

短路环

电磁线圈

静铁心

图 3-18　交流接触器基本结构示意图

实训作业指导

（1）进行接触器拆装训练，了解接触器基本结构、动作原理。

（2）识绘接触器电气符号，并标注端子号。

（3）用万用表判断接触器动断、动合触点。

任务 3.2.3　热继电器认知与使用

相关知识

电动机电流长时间超过额定电流会造成绕组因温度升高，使绝缘降低甚至烧坏电机，热继电器就是利用电流热效应而动作的一种保护用继电器，主要用于电动机的过载保护。

一、热继电器电气符号

热继电器电气符号如图 3-19 所示。

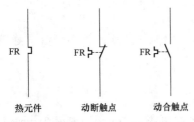

FR　　　　FR　　　　FR

热元件　　动断触点　　动合触点

图 3-19　热继电器电气符号

二、热继电器基本结构和动作原理

热继电器种类很多，目前较常用的是双金属片式热继电器，其动作原理如图 3-20 所示。

双金属片式热继电器由热元件、触点、动作机构、复位按钮和整定电流调节装置等组成。双金属片是由两个热膨胀系数差异较大的金属薄片机械辗压在一起，受热后会由热膨胀系数大的一侧向热膨胀系数小的一侧弯曲。

正常工作时，热元件串在主电路中，动断触点串在被保护回路的二次电路中。热元件通入电流后，双金属片受热变曲，但主电路中电流较小，热元件温度不高，不会使双金属片产生较大的弯曲，故热继电器不动作。一旦线路过载，热元件加热双金属片，使之发生较大弯曲，推动绝缘导板切断接入控制回路中的动断触点，使主电路断开，从而实现过载保护功能。

热断电器不能作为短路保护，因为双金属片弯曲要有一个时间过程，其动作时间特性不能满足分断故障电流的速度要求。

三、热继电器使用注意事项

（1）严禁湿手操作热继电器。

（2）使用中严禁触摸热继电器导电部分。

（3）维护与保养时必须确保热继电器不带电。

（4）安装前要确认电动机额定工作电流值在热继电器的整定电流调节范围之内。

（5）定期清除热继电器上沉积的灰尘。

（6）热继电器应定期测试，保证其动作机构灵活，动合、动断触点接触良好。

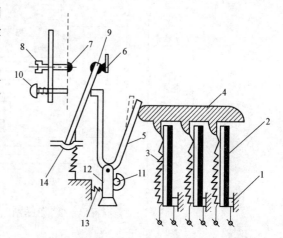

图 3-20 双金属片式热继电器动作原理示意图
1—接线端子；2—主双金属片；3—热元件；4—绝缘导板；
5—补偿双金属片；6—动断触点；7—动合触点；
8—复位调节螺钉；9—动触点；10—复位按钮；
11—偏心轮；12—支撑件；13—弹簧；14—推杆

▶ **实训作业指导** ◀

（1）进行热继电器拆装训练，了解热继电器基本结构、动作原理。

（2）识绘热继电器电气符号，并标注端子号。

（3）用万用表判断热继电器动断、动合触点。

（4）调整热继电器复位方式。

任务 3.2.4 低压断路器认知与使用

▶ **相关知识** ◀

低压断路器又称自动空气开关，简称空开，是一种具有控制与保护功能的电器元件，可以不频繁接通电路，也可以自动切断故障电路。它主要由触点系统、保护模块、脱扣系统等组成。保护模块包括短路保护、过载保护、欠电压保护、漏电保护模块等。用户可根据线路和设备需求，选择不同保护功能的断路器。

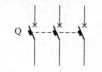

图 3-21 低压断路器
电气符号

一、低压断路器电气符号

低压断路器电气符号如图 3-21 所示。

二、低压断路器基本结构与动作原理

如图 3-22 所示，低压断路器的三对主触点串联在被保护的三相主电路中，由于搭钩钩住弹簧，使主触点保持闭合状态。

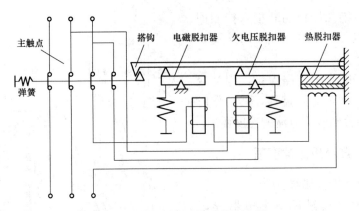

图 3 - 22 低压断路器动作原理图

短路保护：当线路正常工作时，电磁脱扣器中线圈所产生的吸力不足以将它的衔铁吸合；当线路发生短路时，电磁脱扣器的吸力增加，将衔铁吸合，并撞击杠杆，把搭钩顶开，在弹簧的作用下切断主触头，实现了短路保护。

欠压保护：当线路正常工作时，欠电压脱扣器的衔铁两端受力平衡，主触头保持闭合状态；当电压下降到预定值时，欠电压脱扣器的吸力减小至衔铁被弹簧拉开，撞击杠杆，把搭钩顶开，切断主触头，实现了欠压保护。

过载保护：当线路正常工作时，热脱扣器的双金属片受热弯曲度较小，不足以使搭钩顶开；当线路过载时，由于电流的热累积效应，双金属片受热弯曲增大到一定角度，把搭钩顶开，切断主触头，实现了过载保护。

低压断路器实物如图 3 - 23 所示。

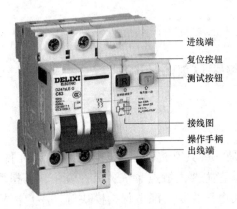

图 3 - 23 低压断路器实物

三、低压断路器的安装和使用注意事项

（1）低压断路器应垂直安装，倾斜度不应超过 5°。

（2）低压断路器的安装位置应考虑到制造厂规定的飞弧距离，而且要便于母线的配制或引接。

（3）在分、合低压断路器时，要注意手指不要碰到上、下接线端子，以防触电。

（4）对于使用中的低压断路器要定期进行实验，按下实验按键低压断路器不自动断开时，该断路器不能再使用。

◆━┫ **实训作业指导** ┣━◆

（1）熟悉低压断路器基本结构和动作原理。

（2）进行低压断路器手动分、合操作。

（3）进行低压断路器通电漏电测试和复位操作，观察现象。

任务 3.2.5　主令电器认知与使用

主令电器是用于通断控制电路、发布命令的电器，常用的主令电器有控制按钮、万能转换开关、主令控制器、行程开关、微动开关及无触点开关等。主令电器是小电流开关，一般不装灭弧设备。

一、按钮

相关知识

按钮又称控制按钮，是一种手动控制器，只能短时通断 5A 及以下的小电流，发出控制指令。

1. 按钮电气符号

按钮电气符号如图 3-24 所示。

2. 按钮的基本结构与动作原理

按钮基本结构如图 3-25 所示。按钮主要由按钮帽、复位弹簧、动断触点、动合触点等组成。

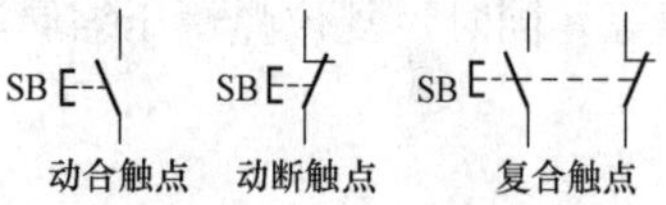

按钮按触点结构和用途不同，分为启动按钮（动合按钮）、停止按钮（动断按钮）和复合按钮。图 3-26 所示为复合按钮外形。

图 3-24　按钮电气符号

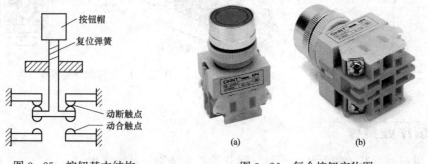

图 3-25　按钮基本结构　　　　图 3-26　复合按钮实物图

复合按钮是将动合触点和动断触点组合为一体。当手指按下时，其动断触点先断开，然后动合触点闭合；手指松开后，在复位弹簧作用下触点又返回原位。复合按钮常用在控制电路中作电气联锁。

实训作业指导

（1）进行按钮操作，观察按钮触点基本结构变化。

（2）识绘按钮电气符号，并标注端子号。

（3）用万用表判断按钮动断、动合触点。

二、行程开关

相关知识

行程开关主要用于运动机构的行程控制、运动方向或速度的变换。

行程开关是通过生产机械的某些运行部件与它的传动部位发生碰撞，使其触点通断从而限制生产机械的行程、位置或改变其运行状态。

1. 行程开关电气符号

行程开关电气符号如图 3-27 所示。

2. 行程开关基本结构与动作原理

行程开关主要包括微动开关、复位弹簧、撞块、杠杆、滚轮等。JLXK-11 型行程开关基本结构如图 3-28 所示。当机械撞块碰触行程开关滚轮时，传动杠杆与轴一起转动，转轴上的凸轮推动推杆使微动开关动作，接通动合触点，分断动断触点，指令停车、反转或变速等。同时，复位弹簧压缩储能，为下次动作做好准备。

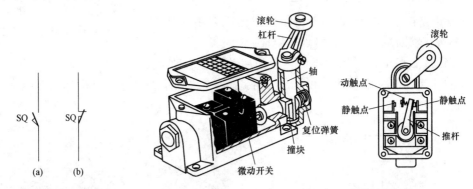

图 3-27 行程开关电气符号
（a）动合触点；（b）动断触点

图 3-28 JLXK-11 型行程开关基本结构

实训作业指导

（1）进行行程开关的拆装，了解行程开关基本结构、动作原理。

（2）识绘行程开关电气符号，并标上端子号。

（3）用万用表判断行程开关动断、动合触点。

任务 3.2.6 时间继电器认知与使用

相关知识

时间继电器适用于自动控制电路中，作时间控制元件，可按预定的时间接通或断开电路。时间继电器根据动作原理可分为通电延时型和断电延时型两种，本次实训采用的是 JSZ 通电延时型时间继电器。

一、时间继电器电气符号

时间继电器电气符号如图 3-29 所示。

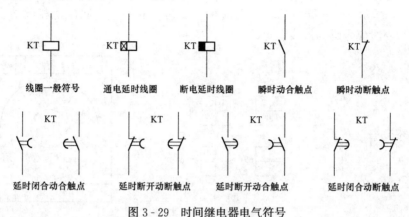

图 3-29 时间继电器电气符号

二、时间继电器型号及其含义

时间继电器型号及其含义如图 3-30 所示。

以 JSZ3A-B 为例，其含义说明如图 3-31 所示。

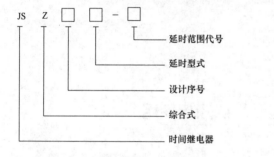

图 3-30 时间继电器型号及含义

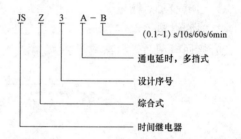

图 3-31 JSZ3A-B 型时间继电器型号含义说明

三、时间继电器基本结构

时间继电器实物如图 3-32 所示。

图 3-33 所示为 JSZ3A-B 型时间继电器基本结构及时段开关位置。图中，2、7 为电源端，1、3 和 8、6 端子为延时闭合触点，1、4 和 8、5 为延时断开触点。

在设定延时范围时，先将旋钮顺时针旋到底，拔掉透明旋钮，取下两张时间刻度片，根据时段开关设定位置图中指示，将时段开关拨至相应的位置，装上刻度片，将选定的延时范围的一面装在可见面，盖上透明旋钮，旋钮上的小缺口

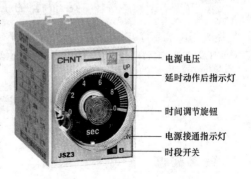

图 3-32 时间继电器实物正面

向下偏离标牌最大值刻度线约 18°。

四、时间继电器的安装

如图 3 - 34 所示，时间继电器主体对应标号安装在底座上，底座上相同端子号是相通的，接线时选取对应号码的接线螺钉即可。

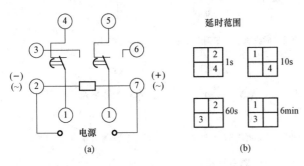

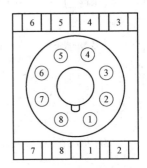

图 3 - 33　JSZ3A - B 型时间继电器
（a）基本结构；（b）时段开关位置

图 3 - 34　时间继电器底座端子示意图

实训作业指导

（1）识绘时间继电器电气符号，并标上端子号。

（2）找出时间继电器对应电源端子、动断端子、动合端子。

（3）通电前触点测量。

（4）时间继电器设定为 5s。

（5）接通电源后，再次测量。

任务 3.2.7　指示灯认知与使用

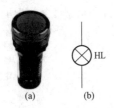

图 3 - 35　指示灯
（a）外观；（b）电气符号

相关知识

目前最常用的指示灯为 LED 指示灯，亮度高，耗电量少，其外观如图 3 - 35（a）所示。指示灯电气符号如图 3 - 35（b）所示。

实训作业指导

（1）识绘指示灯电气符号，并标上端子号。

（2）根据指示灯额定电压连接电源，观察灯亮度。

任务 3.3　常用低压电器测量

任务描述

（1）测量低压断路器、按钮、交流接触器、热继电器、时间继电器的触点质量。

（2）测量交流接触器的线圈电阻值。

任务目标

（1）掌握基本用电安全操作规程。

（2）完成低压断路器、按钮、交流接触器、热继电器、时间继电器的触点质量测量与判断。

（3）培养学生的团队精神以及认真、严谨的工作态度。

【安全注意事项】

（1）测量前先把工艺板上内部接线拆除，并把导线理直，剪去原有线头，保存好，以备后续接线使用。

（2）测量前需要把各被测量触点螺钉拧紧，以减少接触电阻引起的测量误差。

（3）按组有序进行通电，不围观，以保证操作安全。

（4）通电测试时，手里不能拿螺丝刀等金属工具。

（5）通电时，右手单手操作。

（6）带电部分不允许进行电阻测量。

任务 3.3.1　低压断路器测量

实训作业指导

（1）此测量为不带电测量。

（2）使用万用表测量低压断路器各对触点之间电阻，填入表 3-1。

表 3-1　　　　　　　　　　　低压断路器测量记录表

元件名称	接线端子	断开状态电阻值（Ω） 标准：OL	闭合状态电阻值（Ω） 标准：<1Ω
Q1	1—2		
	3—4		
	5—6		
Q2	1—2		
	3—4		
	5—6		
Q3	1—2		
	3—4		

任务 3.3.2　按钮测量

实训作业指导

（1）此测量为不带电测量。

（2）常态下电阻为未按动按钮时的测量值，动作后电阻为按下按钮帽并保持此状态的测量值，复位后电阻为松开按钮帽后的测量值。

（3）测量数据填入表 3-2。

表 3-2　　　　　　　　　　　　按钮测量数据记录表

元件名称	接线端子	常态下电阻（Ω）	动作后电阻（Ω）	复位后电阻（Ω）
SB1	11—12			
	23—24			
SB2	11—12			
	23—24			
SB3	11—12			
	23—24			
SB4	11—12			
	23—24			

任务 3.3.3　交流接触器测量

实训作业指导

（1）测量前把所有被测触点接线螺钉拧紧。

（2）把接触器触点系统所有触点端子号填入表 3-3 "接线端子号" 一栏。

（3）常态下电阻为接触器线圈不带电状态下测量值。

（4）在接触器线圈两端加上额定电压，接触器动作后开始测量各对触点电阻值。

（5）接触器线圈 A1-A2 两端不能带电测电阻。

（6）接触器线圈断电后再进行复位后电阻测量。

（7）测量数据填入表 3-3。

表 3-3　　　　　　　　　　　　交流接触器测量记录表

元件名称	接线端子号	常态下电阻（Ω）	线圈通电后电阻（Ω）	复位后电阻（Ω）
KM1	A1-A2		—	—
KM2	A1-A2		—	—

元件名称	接线端子号	常态下电阻（Ω）	线圈通电后电阻（Ω）	复位后电阻（Ω）
	A1 - A2		—	—
KM3				

任务 3.3.4 热继电器测量

实训作业指导

（1）测量所有主触点和辅助触点电阻。端子号写在表 3 - 4"接线端子"一栏。

（2）此测量为不带电测量。

（3）动作后电阻测量是通过推动热继电器上盖的测试导板来测量。

（4）测量数据填入表 3 - 4。

表 3 - 4　　　　　　　　　　热继电器测量记录表

元件名称	接线端子	常态下电阻（Ω）	动作后电阻（Ω）	复位后电阻（Ω）
FR1				
FR2				

任务 3.3.5 时间继电器测量

实训作业指导

（1）把时间继电器安装在底座上，测量表 3 - 5 中各触点常态下电阻。

（2）把 2、7 端子连接电源，时间调整到 5s，然后通电，当时间继电器"UP"红灯亮后，测量表中各电阻，并填入表 3 - 5 中。

（3）断开电源后，再次测量各触点电阻。

注意事项：

（1）不能带电测量 2、7 端子；

（2）通电时一定要戴手套操作，如有异常立即断开电源。

表 3 - 5 时间继电器测量表

元件名称	接线端子	常态下电阻（Ω）		通电后电阻（Ω）		断电后电阻（Ω）	
		标准	实测	标准	实测	标准	实测
KT	1—3	"OL"		<1Ω		"OL"	
	1—4	<1Ω		"OL"		<1Ω	
	8—5	<1Ω		"OL"		<1Ω	
	8—6	"OL"		<1Ω		"OL"	

任务 3.4 电气控制系统图识绘知识学习

任务描述

（1）学习电气原理图绘制方法。

（2）学习电器布置图绘制方法。

（3）学习电气安装接线图绘制方法。

任务目标

（1）培养学生认真、严谨的工作态度。

（2）掌握电气原理图绘制原则。

（3）掌握电器布置图绘制原则。

（4）掌握电气安装接线图绘制原则。

相关知识

电气控制系统图一般有电气原理图、电器布置图和电气安装接线图三种。

一、电气原理图

电气原理图主要为了便于阅读和分析控制电路，根据基本结构简单、层次清晰分明的原则，采用电器元件展开形式绘制。

电气原理图是用来表明设备电气的工作原理及各电器元件的作用，以及相互之间关系的一种表示方式。图 3 - 35 所示为电气原理图样例。

电气原理图识绘原则：

（1）电器元件的画法。所使用的电器元件均采用国标统一规定的图形符号和文字符号进行绘制和标注。

（2）触点的画法。所有电器的触点符号均按照未通电时或无外力作用时的常态位置绘制。

（3）触点的绘制位置。触点的绘制位置要使触点动作的外力方向满足以下原则：当图形垂直放置时为从左到右，即垂线左侧的触点为动合触点，垂线右侧的触点为动断触点；当图形水平放置时为从下到上，即水平线下方的触点为动合触点，水平线上方的触点为动断触点。

（4）主电路、辅助电路分开绘制。主电路是设备的驱动电路，是大电流从电源到电动机通过的路径；辅助电路是除主电路以外的电路，其流过的电流比较小。辅助电路包括控制电路、照明电路、信号电路和保护电路等。

（5）回路编号的设置。主回路编号从电源进线端 L1、L2、L3，经过一触点，编号为 L11、L21、L31，依此类推。控制

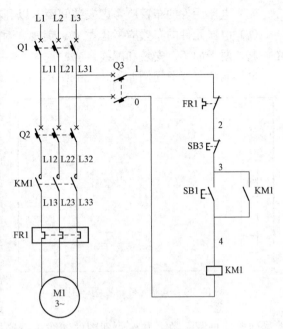

图 3 - 35 电气原理图样例

电路采用阿拉伯数字编号，一般由三位或三位以下的数字组成，标记方法按"等电位"原则进行，标号顺序一般由上至下、从左至右编号，电源端标号一般选 0 和 1。

（6）导线连接点的画法。电气原理图中，有直接联系的交叉导线连接点要用实心圆点表示，无直接联系的交叉导线连接点不画实心圆点。

（7）识读原则。看电气原理图按先看主电路后看辅助电路的顺序识图。

1）看主电路时，通常从下往上看，即从负载开始，经控制元件顺次往电源端看。

2）看辅助电路，通常从上而下，从左到右看，即先看电源，再顺次看各条回路。主要是理清它的回路构成，各元件的联系、控制关系和各支路动作顺序。

二、电器元件布置图

电器元件布置图是根据电器元件在控制板上的实际安装位置，采用简化的外形符号（如正方形、矩形、圆形等）而绘制的一种简图。主要是用来表明电气控制电路上所有电机电器的实际位置，为生产机械电气控制电路的设计、安装、维修提供必要的资料。

电器元件布置图可根据电器元件的复杂程度集中绘制或分别绘制。图中不需标注尺寸，但是各电器代号应与有关图纸和电器清单上所有的元器件代号相同，其绘制原则如下：

（1）相同类型的电器元件布置时，应把体积较大和较重的电器元件安装在控制板或面板的下方。

（2）发热的元器件应该安装在控制柜或面板的上方或后方，但热继电器一般安装在接触器的下面，以方便与电机和接触器的连接。

（3）需要经常维护、整定和检修的电器元件、操作开关、监视仪器仪表，其安装位置应高低适宜，以便工作人员操作。

（4）强电、弱电应该分开走，弱电部分应加屏蔽隔离，防止强电及外界的干扰。

（5）电器元件的布置应考虑安装间距，以利布线、接线、维修和调整方便。

（6）电器元件的布置应考虑整齐、美观、对称，外形尺寸与基本结构类似的电器安放在一起，便于加工、安装和配线。

电器元件布置图样例如图3-36所示，此图只标出与原理图相关的元件。

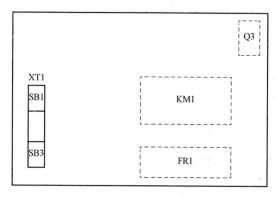

图3-36 电器元件布置图样例

三、电气安装接线图

电气安装接线图是根据电气原理图和电器元件布置图绘制而成，主要表达导线的走向和连接，便于现场配线及维护检修。电气安装接线图绘制原则：

（1）电器元件在图中的位置应与实际的安装位置一致。

（2）不在同一安装板或控制柜上的电器元件的电气连接一般应通过端子排进行连接，各电器元件的文字符号及端子排的编号应与原理图一致，并按原理图的连线进行连接。

（3）走向相同、功能相同的多根导线可用单线或线束表示，画连接线时，应标明导线的规格、型号、颜色、根数和穿线管的尺寸。

安装接线图样例如图3-37所示，先在位置图的基础上，画出各元件图形符号和端子号，再画出各端子之间连接线。

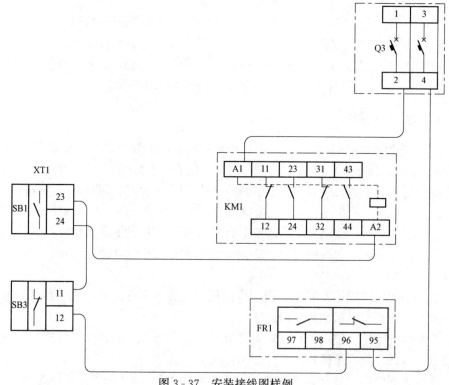

图3-37 安装接线图样例

任务 3.5　电动机长动控制电路安装与调试

任务描述

完成电动机长动控制电路的安装，并进行通电调试。

任务目标

(1) 提高安全意识。

(2) 提高识绘图能力。

(3) 提高接线、排故能力。

(4) 提高协作能力。

实训作业指导

(1) 绘制活页 [任务 3.5.1] 长动控制线路端子图：在原理图基础上标出各触头端子号，表示出各等电位端子间连接方式。

(2) 绘制活页 [任务 3.5.2] 长动控制线路安装接线图。

(3) 填写活页 [任务 3.5.3] 表 3-6 长动控制线路配线明细表，颜色要求：L1 黄色、L2 绿色、L3 红色，辅助回路蓝色。

(4) 根据活页 [任务 3.5.4] 线路检查方法，分别填写活页表 3-7~3-9。

(5) 填写活页 [任务 3.5.5] 表 3-10 通电操作票，并进行通电调试。

(6) 填写活页 [任务 3.5.6] 表 3-11 故障分析表。

(7) 通电正确后进一步整理工艺细节，进行导线绑扎。

通电调试基本注意事项：

(1) 接线后认真检查线路，写出操作票后方能通电操作。

(2) 禁止未经指导教师允许私自送电，否则后果自负。

(3) 搬动接线板时应注意安全，搬动前应检查接线板手柄是否牢固，以防砸伤、碰伤。

(4) 通电前检查有无金属物品放在接线板上，检查端子排盖板是否盖好，以防造成短路。

(5) 通电时必须穿工作服，戴棉手套，与设备保持安全距离。

(6) 通电时应单手操作，且右手操作。

(7) 按顺序通电，保证操作区域安全无障碍，不要围观。

(8) 通电时以小组为单位，一人操作，一人唱票，以防误操作。

(9) 通电时应按辅助回路、主回路顺序进行，辅助回路正确无误的情况下方能接通主回路。

(10) 通电过程中如出现异常现象应迅速关闭总电源。

(11) 断电后使用验电笔验电。

相关知识

一、长动控制电路原理

电动机长动控制电路原理如图 3-38 所示。

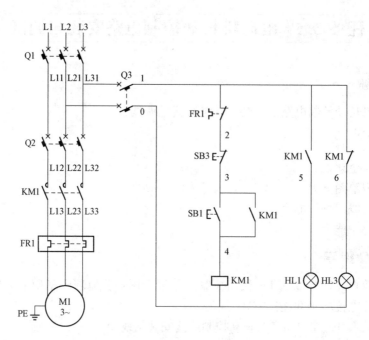

图 3-38　电动机长动控制电路原理图

电动机长动控制电路原理图中电器元件符号及功能说明，见表 3-12。

表 3-12　　　　　　　电动机长动控制电路原理图中的电器元件符号及功能说明

回路	符号	名称及功能说明
总电路	Q1	低压断路器，总电源开关
主电路	M1	电动机，将电能转换机械能
	Q2	低压断路器，主回路电源开关
	KM1	接触器，控制 M1 电机启、停
	FR1	热继电器，M1 电动机过载保护
	PE	M1 电动机外壳接地线
辅助电路	Q3	低压断路器，辅助回路电源开关
	SB3	M1 电动机停止按钮，红色
	SB1	M1 电动机启动按钮，绿色
	HL1	信号灯，电机转动指示，红色
	HL3	信号灯，电机停转指示，绿色

二、长动控制电路原理分析

长动控制电路又称自锁控制电路，可以控制电动机单方向连续运转。分析过程如下：

（1）合上 Q1、Q3，HL3 绿灯亮。

（2）按下 SB1 按钮，接触器 KM1 线圈得电，接触器 KM1 触点系统动作，辅助动断触点断开，主动合触点和辅助动合触点接通，电动机 M1 启动，HL3 绿灯灭，HL1 红灯亮。

（3）松开按钮 SB1，由于控制图中接触器 KM1 辅助动合触合闭合起到自锁作用，电动机 M1 连续转动，HL1 红灯长亮。

（4）按下按钮 SB3，控制回路断电，接触器 KM1 线圈失电，在复位弹簧的作用下，KM1 触点系统复位，辅助动合触点断开，红灯 HL1 灭；主动合触点断开，主电路失电，电动机停转。辅助动断触点复位，绿灯 HL3 亮。

三、长动控制电路基本接线工艺要求

（1）导线绝缘层良好，导线电阻足够小。

（2）导线连接牢固，不能压绝缘，导线露出金属部分不超过 2mm，如图 3 - 39 所示。

（3）每个接线螺钉上最多压接两根导线，如图 3 - 40 所示。

（4）两端子间导线不允许有接头。

（5）导线要求横平竖直，拐角处弯成自然弧度，如图 3 - 41 所示。

图 3 - 39　导线接头工艺　　　图 3 - 40　端子导线根数要求　　　图 3 - 41　导线拐角工艺

（6）同一平面内遇到交叉点时可以如立交桥一样分层布局，即一根在一层，另一根在二层，一层导线从二层导线拐角下穿过，如图 3 - 42 所示。

（7）导线应布局合理，通道尽量少，主辅分开。

（8）同一走向的多根导线用扎带绑扎成束。拐角两边 2～3cm 处各扎一扎带，直线部分每隔 5～10cm 扎一扎带，带尾留下 5mm，其余用斜口钳剪去，带尾上刻有刻度线，刻度线间距为 1mm，如图 3 - 43 所示。

 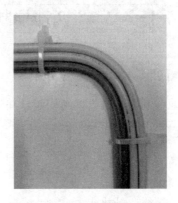

图 3 - 42　导线分层布置示意　　　图 3 - 43　导线扎带绑扎示意图

四、长动控制电路接线工器具与材料明细表

长动控制电路接线工器具与材料明细见表3-13。

表3-13　　　　　　　　　长动控制电路接线工器具与材料明细表

序号	名称	规格	数量
1	螺丝刀	3×75，十字	1把
2	螺丝刀	3×75，一字	1把
3	螺丝刀	3×150，十字	1把
4	螺丝刀	3×150，一字	1把
5	剥线钳		1把
6	断线钳		1把
7	卷尺	2m	1把
8	数字式万用表		1个
9	棉手套		1副/人
10	导线	BLV，2.5mm²，黄色	若干
11	导线	BLV，2.5mm²，绿色	若干
12	导线	BLV，2.5mm²，红色	若干
13	导线	BLV，2.5mm²，蓝色	若干
14	扎带	3×100mm	若干
15	卡扣式数字号码管	0~9	若干
16	端子短接片	3位	1个

任务3.6 两地控制电路设计、安装与调试

▶┨ 任务描述 ┣◀

完成两地控制电路的设计与安装，并进行通电调试。

▶┨ 任务目标 ┣◀

（1）提高安全意识。

（2）提高设计和绘图能力。

（3）提高接线、排故能力。

（4）提高协作能力。

（1）甲、乙两地同时控制一台电机。

（2）甲、乙两地均能实现电机的长动控制。

（3）主回路中具有短路、过载、欠压保护；辅助回路具有短路保护。

（4）可实现本地启、停操作和异地启、停操作；启动用绿色按钮，停止用红色按钮。

（5）甲、乙两地均有指示灯指示电机运行、停止状态，红灯表示运行，绿灯表示停止。

（6）电动机定子绕组星形连接。

（7）在活页［任务 3.6.1］所给图基础上绘制辅助回路，标注线号和各触头端子号，并表示出各等电位端子间连接方式。

（8）填写活页［任务 3.6.2］表 3-14 电动机两地控制电器元件符号及功能说明表。

（9）绘制活页［任务 3.6.3］两地控制回路部分安装接线图。

（10）填写活页［任务 3.6.4］表 3-15 两地控制电路配线明细表（辅助回路）。

（11）根据活页［任务 3.6.5］进行电路连接、检查。

（12）填写活页［任务 3.6.6］表 3-16 通电操作票，并进行通电调试。

（13）填写活页［任务 3.6.7］表 3-17 故障分析表。

（14）通电正确后进一步整理工艺细节，进行导线绑扎。

任务 3.7　正反转双重互锁控制电路设计、安装与调试

任务描述

完成正反转双重互锁控制电路的设计与安装，并进行通电调试。

任务目标

（1）提高安全意识。

（2）提高设计、绘图能力。

（3）提高接线、排故能力。

（4）提高协作能力。

实训作业指导

（1）在活页［任务 3.7.1］所给图基础上设计指示回路，并标注辅助回路端子号；HL1：正转运行灯，HL2：反转运行灯，HL3：电机停止灯。

（2）填写活页［任务 3.7.2］表 3-18 正反转双重互锁控制电器元件符号及功能说明表。

（3）在活页［任务 3.7.3］电动机定子绕组示意图、电动机接线盒图和 M1 接线端子板图中分别表示出三角形接线方式。

（4）绘制活页［任务 3.7.4］正反转辅助回路安装接线图。

（5）填写活页［任务 3.7.5］表 3-19 正反转双重互锁控制电路配线明细表（辅助回路）。

（6）填写活页［任务3.7.6］表3-20正反转双重互锁控制电路通电操作票，并进行通电调试。

（7）填写活页［任务3.7.7］表3-21正反转控制电路故障分析表。

（8）通电正确后进一步整理工艺细节，进行导线绑扎。

相关知识

正反转双重互锁控制电路原理如图3-44所示。

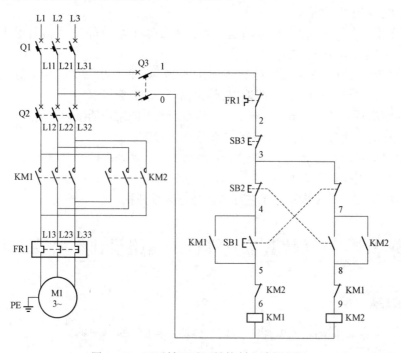

图3-44　正反转双重互锁控制电路原理图

电动机正反转是通过改变相序来实现的，具体如下：

（1）为防止正转和反转控制回路同时接通，引起主回路短路，在正转和反转回路中各串联两对辅助动断触点（分别是按钮和接触器辅助动断触点），起互锁作用。

（2）该回路可实现电动机正反转的连续运行。

任务 3.8　电动机星—三角降压启动手动控制电路安装

任务描述

完成电动机星—三角降压启动手动控制电路的安装，并进行通电调试。

任务目标

（1）提高安全意识。

（2）提高识绘图能力。

（3）提高接线、排故能力。

（4）提高协作能力。

（1）在活页［任务3.8.1］所给图基础上设计绿灯指示回路，并标注辅助回路端子号；绿灯亮代表电机停止状态。

（2）填写活页［任务3.8.2］表3-22星—三角降压启动手动控制电器元件符号及功能说明表。

（3）绘制活页［任务3.8.3］星—三角降压启动手动控制辅助回路安装接线图。

（4）绘制活页［任务3.8.4］主回路局部星、三角连接图。

（5）填写活页［任务3.8.5］表3-23星—三角降压启动手动控制电路配线明细表。

（6）填写活页［任务3.8.6］表3-24星—三角手动控制电路通电操作票。

（7）填写活页［任务3.8.7］表3-25星—三角降压启动手动控制电路故障分析表。

（8）通电正确后进一步整理工艺细节，进行导线绑扎。

电动机星—三角降压启动手动控制电路原理如图3-45所示。

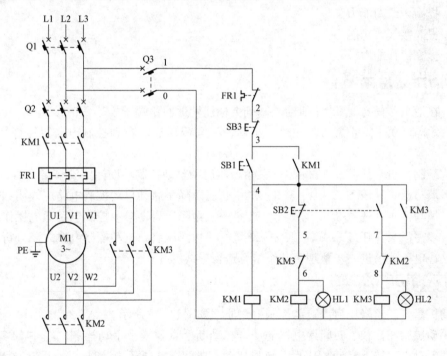

图3-45 电动机星—三角降压启动手动控制电路原理图

星—三角降压启动方法仅适用于三角形接法的电动机。启动时，定子绕组接成星形，待电动机的转速升高后，再改接成三角形，使电动机在额定电压下运行。这种降压启动既简便，又经济，所以使用比较普遍。但这种方法启动时，其启动转矩只有全压启动时的1/3，故只适用于空载或轻载启动。

合上低压断路器 Q1、Q2、Q3，按下 SB1，接触器 KM1、KM2 线圈同时通电，使主触点吸合，电动机星形启动。当转速达到或接近额定转速时，按下运行按钮 SB2，接触器 KM2 线圈断电，KM3 接触器带电吸合，电动机转为三角形运行。停止时，按下停止按钮 SB3，接触器全部断电，电动机停止运行。

在此电路中，接触器 KM1、KM3 的辅助动合触点起自保持作用，KM2、KM3 接触器的辅助动断触点起闭锁作用。

任务 3.9　电动机星—三角降压启动自动切换控制电路安装

任务描述

完成电动机星—三角降压启动自动切换控制电路的安装，并进行通电调试。

任务目标

(1) 提高安全意识。

(2) 提高识绘图能力。

(3) 提高接线、排能力。

(4) 提高协作能力。

实训作业指导

(1) 在活页［任务 3.9.1］所给图基础上标注辅助回路端子号。

(2) 填写活页［任务 3.9.2］表 3-26 星—三角降压启动自动控制电器元件符号及功能说明表。

(3) 绘制活页［任务 3.9.3］星—三角降压启动自动控制辅助回路安装接线图。

(4) 填写活页［任务 3.9.4］表 3-27 星—三角降压启动自动控制电路配线明细表。

(5) 填写活页［任务 3.9.5］表 3-28 星—三角降压启动自动控制电路通电操作票。

(6) 填写活页［任务 3.9.6］表 3-29 星—三角降压启动自动控制电路故障分析表。

(7) 通电正确后进一步整理工艺细节，进行导线绑扎。

相关知识

电动机星—三角降压启动自动控制电路原理如图 3-46 所示。

与手动控制相比较，时间继电器的动合、动断触点替换了手动控制电路中 SB2 按钮的动合、动断触点，按下启动 SB1 后，星形启动，时间继电器开始计时，计时结束后 KM2 控制回路断开，KM3 控制回路接通，电动机转三角形运行，实现降压启动。

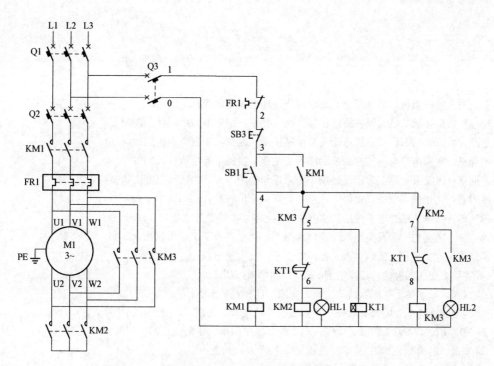

图 3-46　电动机星—三角降压启动自动控制电路原理图

参 考 文 献

[1] 王建明. 电机与机床电气控制. 北京：北京理工大学出版社，2009.

[2] 唐继跃，房兆源. 电气设备检修技能训练. 北京：中国电力出版社，2007.

[3] 王暄，曹辉，马永华. 电机拖动及其控制技术. 北京：中国电力出版社，2010.

[4] 闫和平，常用电机与电气控制技术回答. 北京：机械工业出版社，2007.

[5] 木向淮，张文升. 电工常用仪器仪表的原理与使用. 北京：机械工业出版社，2005.

[6] 盛占石，尤德同. 电动机检修. 北京：化学工业出版社，2008.

[7] 林炳南，张雷. 维修电工应用技术（上）. 北京：高等教育出版社，2005.

[8] 孙余凯，吴鸣山. 学看实用电气控制线路图. 北京：电子工业出版社，2006.

[9] 解建军. 电机原理与维修. 西安：西安电子科技大学出版社，2007.

[10] 吴克勤. 变压器极性与接线组别. 北京：中国电力出版社，2006.

[11] 贺以燕，杨志业. 变压器试验大全. 沈阳：辽宁科学出版社，2006.

[12] 保定天威保变电气股份有限公司. 变压器试验技术. 北京：机械工业出版社，2000.

[13] 国家电网公司人力资源部. 电气试验. 北京：中国电力出版社，2010.

[14] 许实章. 电机学. 2版. 北京：机械工业出版社，2005.

[15] 辜承林. 电机学. 武汉：华中科技大学出版社，2005.

[16] 陶建军. 电机学. 北京：中国电力出版社，2010.

[17] 徐益敏，张玲. 电机学. 2版. 北京：中国电力出版社，2005.

[18] 郭清海. 变压器检修. 北京：中国电力出版社，2005.

[19] 王爱霞，张秀阁. 电机学. 北京：中国电力出版社，2005.

[20] 周晓凡. 变压器检修. 北京：中国电力出版社，2010.

[21] 汤蕴璆，罗应力，梁艳萍. 电机学. 北京：机械工业出版社，2001.

[22] 周德贵. 同步发电机运行技术与实践. 2版. 北京：中国电力出版社，2004.

[23] 电力行业职业技能鉴定指导中心. 职业技能鉴定指导书 电机检修. 北京：中国电力出版社，2005.

[24] 操敦奎. 变压器运行维护与故障分析处理. 北京：中国电力出版社，2008.

项目 1 电机技能训练安全知识学习

任务 1.1 实验安全知识学习

表 1-1   实验室管理制度学习及考核表

序号	作业步骤及标准	要求及考核	备注
1	认真阅读实验室管理制度要点	教师提问考核	
2	认真阅读基本安全操作规范	教师提问考核	

活页实验报告

📖 实 验 报 告

任务 1.1 实验安全知识学习

班级：＿＿＿＿＿＿ 姓名：＿＿＿＿＿＿ 组号：＿＿＿＿＿＿ 日期：＿＿＿＿＿

一、实验项目内容

二、实验目的

三、分组分工情况

实验组次		小组成员	
实验台号		实验时间	
本次实验中担任的角色			

四、主要注意事项

五、问答

（1）学校制定的实验室管理制度有哪些？

（2）实验接线完成后通电前有哪些要求与步骤？

（3）实验接线中如何插拔导线？

六、实验总结

任务 1.2 电机实验安全知识学习

表 1-2 小组成员分工明细表

角色	姓名	具体任务（示例）	签字确认
组长		全面组织指挥，安全监视	
设计员		试验方案设计，设备、仪表选取，实验接线图绘制	
接线员		导线准备、连接、整理	
操作员		方案审查，接线检查，控制、调节、测量、分析	
监察记录员		检查接线，操作监视，记录数据	

表 1-3 实验仪器仪表

序号	使用组件名称型号	单位	数量	功能作用及参数（学生填写）	是否良好 是（√）/否（×）
1	DD01 电源控制屏	台	1	提供实验用交流电压 0～450V	
2	DJ11 三相组式变压器	台	1	试品，其单相变压器额定容量 $P_N = 77VA$，$U_{1N}/U_{2N} = 220/55V$，$I_{1N}/I_{2N} = 0.35/1.4A$	
3	D36-2 智能真有效值电压表	块	1	测量变压器一、二次侧电压	

表 1-4 实验危险点

序号	内容	后果	是否知晓 是（√）/否（×）
1	自由散漫、打闹等行为失当等违规行为	磕碰伤害，损坏设备	
2	试验前无准备，方案制定不严谨	烧坏设备、仪表	
3	不留神触碰带电设备带电部分	触电危及生命	
4	通电操作无监督、监护、提醒，电源电压及调压器输出电压高	触电危及生命，烧坏设备	
5	电源调压器初始状态未归零或调节过快，不看监视仪表导致的过载	易使设备仪表过电压、过载而烧坏	
6	带电拆接导线	触电危及生命	
7	实验组件掉落	砸伤事故	
8	相线短接、碰壳、接地	触电、烧损设备或使设备故障	
9	实验中随意更换熔管	设备保护失灵损坏	

表 1 - 5   实验安全措施

序号	内容	是否预防与注意 是（√）/否（×）
1	严格遵守实验的安全操作规范和实验室的管理规定	
2	检查实际接线与方案是否一致，如发现不一致，应及时进行更正，确认无误后方可进行通电作业	
3	通电前提示本组学员注意带电设备及部位，保持安全距离	
4	操作监视由1人完成，必须有专人监护，其他学员做好记录等辅助工作	
5	通电前再次检查电源调压器是否归零，其他开关挡位位置是否正确	
6	在拆接调整接线时，必须停电，并且必须通过电源开关的位置及电源指示灯或仪表的示值确认停电后方可进行拆接	
7	组件安装摆放牢靠稳定	
8	严禁相线（电压）短接、接地，严禁连接导线随意摆放	
9	电源及仪表的熔断器烧坏后，必须更换给定规格的熔管	

表 1 - 6   实验前重点检查项目表

序号	内容	组长签字
1	班组负责人检查同组学员是否到齐，精神状态是否良好，是否了解危险点及预控措施，根据实验内容进行合理分工	
2	找寻、安放、检查本次实验所用的设备元件、仪表、工具、导线、组件等，查看其规格性能是否满足实验要求	
3	实验前，负责人应检查实验作业方案是否正确完备，详细交代作业任务、安全措施和安全注意事项、设备状态及人员分工。全体工作人员应明确实验内容目标、进度要求等，并在任务分工签字栏内分别签名确认	

表 1 - 7   实验操作步骤

序号	主要步骤	作业步骤及标准		完成情况 是（√）/否（×）
1	通电前准备工作	工作负责人向工作班成员交代训练内容、使用设备、工作安全要点，注意活页表1-4危险点并按活页表1-5布置预控措施		
2	连接实验线路	按图1-4所示实物接线图进行连接，注意导线要旋拧插拔		
3	加电前检查各开关及旋钮的初始位置	"直流高压电源"的"电枢电源开关"及"励磁电源开关"都必须在关断的位置。"电源总开关"上方"电压指示切换开关"先拨向"三相电网输入端"。控制屏左侧端面上安装的三相电源调压器旋钮必须在零位，即必须将它向逆时针方向旋转到底		
4	通电前检查	导线连接是否正确； 各开关及旋钮的初始位置是否正确	检查人签字	
			教师签字或许可	

序号	主要步骤	作业步骤及标准	完成情况 是（√）/否（×）
5	加电顺序	顺时针扭动钥匙开启"电源总开关"，"停止"按钮指示灯亮。将"电压指示切换开关"拨向左侧，三块电压表显示的是三相电网输入电压，其值约为380V时，表示电源正常	
6	通入微电检查电路连接的正确性	"电压指示切换开关"拨向"三相调压输出"，顺时针少量的调节调压器旋钮，观察所有仪表值是否有变化，如果都变化，表示接线正确；否则调压器归零，按"停止按钮"后，检查接线情况	
7	按实验要求调节电源电压	升压调节要缓慢均匀，每次调压前，对调整显示结果要有预判，明确应重点观察的仪表及指示灯等应有的反应	
8	实验记录与计算	<table><tr><td>序号</td><td>U_{ax}（V）</td><td>U_{AX}（V）</td><td>K</td></tr><tr><td>1</td><td></td><td></td><td></td></tr><tr><td>2</td><td></td><td></td><td></td></tr><tr><td>3</td><td></td><td></td><td></td></tr><tr><td>4</td><td></td><td></td><td></td></tr><tr><td>5</td><td></td><td></td><td></td></tr><tr><td>平均值</td><td colspan="3"></td></tr></table>	
9	断电操作	实验完毕，将调压器旋钮逆时针调回到零位，所有测试仪表显示零。按下"停止"按钮切断交流电源，关断"电源总开关"	
10	重复步骤2~9	每位同学都要熟练掌握通电及断电的步骤	

表 1-8   实验总结表

序号	实验总结	
1	验收评价	
2	存在问题及处理意见	

活页实验报告

📖 实 验 报 告

任务 1.2　电机实验安全知识学习

班级：＿＿＿＿　　姓名：＿＿＿＿　　组号：＿＿＿＿　　日期：＿＿＿＿

一、实验项目内容

二、实验目的

三、分组分工情况

实验组次		小组成员	
实验台号		实验时间	
本次实验中担任的角色			

四、单相变压器变比实验原理电路图

五、主要操作步骤及注意事项

（1）电源的操作步骤及注意事项。

（2）单相变压器变比操作步骤及注意事项。

六、实验数据及实验现象

七、变比计算

八、问答

（1）实验接线完成后通电前有哪些要求与步骤？

（2）实验接线中如何插拔导线？

（3）双电压表法测量变压器变比所用电压表准确度等级不低于多少？

九、实验总结

项目 2 电机基本实验

任务 2.1 单相变压器空载损耗和空载电流的测量

表 2-2   小组成员分工明细表

角色	姓名	具体任务	签字确认
组长			
设计员			
接线员			
操作员			
监察记录员			

表 2-3   实验仪器仪表

序号	使用组件名称型号	单位	数量	功能作用及参数（学生填写）	是否良好 是（√）/否（×）
1	DD01 电源控制屏	台	1		
2	DJ11 三相组式变压器	台	1		
3	D36-2 智能真有效值电压表	块	1		
4	D35-2 智能真有效值电流表	块	1		
5	D34-2 智能型功率、功率因数表	块	1		

表 2-4   实验前重点检查项目表

序号	内容	组长签字
1	班组负责人检查同组学员是否到齐，精神状态是否良好，是否了解危险点及预控措施，根据实验内容进行合理分工	
2	找寻、安放、检查本次实验所用的设备元件、仪表、工具、导线、组件等，查看其规格性能是否满足实验要求	
3	实验前，负责人应检查实验作业方案是否正确完备，详细交代作业任务、安全措施和安全注意事项、设备状态及人员分工。全体工作人员应明确实验内容目标、进度要求等，并在实验人员签字栏内分别签名确认	

表 2-5   实验操作步骤

序号	主要步骤	作业步骤及标准	完成情况 是（√）/否（×）
1	通电前准备工作	工作负责人向工作班成员交代训练内容、使用设备、工作安全要点，注意表1-4危险点并按表1-5布置预控措施	

序号	主要步骤	作业步骤及标准		完成情况 是（√）/否（×）
2	连接实验线路	按图 2-2 所示变压器空载实验实物接线图进行连接，注意导线要旋拧插拔		
3	加电前检查各开关及旋钮的初始位置	"直流高压电源"的"电枢电源开关"及"励磁电源开关"都必须在关断的位置。"电源总开关"上方"电压指示切换开关"先拨向"三相电网输入端"。控制屏左侧端面上安装的三相电源调压器旋钮必须在零位，即必须将它向逆时针方向旋转到底		
4	通电前检查	导线连接是否正确； 各开关及旋钮的初始位置是否正确	检查人签字 教师签字	
5	加电顺序	顺时针扭动钥匙开启"电源总开关"，"停止"按钮指示灯亮。将"电压指示切换开关"拨向左侧，三块电压表显示的是三相电网输入电压，其值约为380V时，表示电源正常		
6	通入微电检查电路连接的正确性	"电压指示切换开关"拨向"三相调压输出"，顺时针少量的调节调压器旋钮，观察所有仪表示值是否有变化，如果都有变化，表示接线正确；否则调压器归零，按"停止按钮"后，检查接线情况		
7	按实验要求调节电源电压	握住调压旋钮，明确调整目标，眼观电压表、功率表、电流表指示。顺时针调节调压器旋钮，重点观察电压表示值的变化，先使变压器低压侧电压 U_0 升高到 $1.2U_N$，然后逐渐降低电源电压，在 $(1.2\sim0.5)U_N$ 范围内测取变压器的 U_0、I_0、P_0，记录于表中。其中 $U_0=U_N$ 的点必须测量，且在该点附近的测点密度应大些		
8	实验记录与计算	<table><tr><td>U_0（V）调定值</td><td>P_0（W）</td><td>I_0（mA）</td><td>U_{AX}（V）</td><td>$\cos\varphi_0$</td></tr><tr><td>$1.2U_{2N}=$</td><td></td><td></td><td></td><td></td></tr><tr><td>$1.1U_{2N}=$</td><td></td><td></td><td></td><td></td></tr><tr><td>$1.05U_{2N}=$</td><td></td><td></td><td></td><td></td></tr><tr><td>$U_{2N}=$</td><td></td><td></td><td></td><td></td></tr><tr><td>$0.9U_{2N}=$</td><td></td><td></td><td></td><td></td></tr><tr><td>$0.8U_{2N}=$</td><td></td><td></td><td></td><td></td></tr><tr><td>$0.5U_{2N}=$</td><td></td><td></td><td></td><td></td></tr></table>		
9	断电操作	实验完毕，将调压器旋钮逆时针调回到零位，所有测试仪表显示零。按下"停止"按钮切断交流电源，关断"电源总开关"		
10	重复步骤 2～9	每位同学都要熟练掌握通电及断电的步骤		

表 2-6　　　　　　　　　　实验总结表

序号		实验总结
1	完成时间	
2	验收评价	
3	存在问题及处理意见	

📖 实 验 报 告

任务 2.1 单相变压器空载损耗和空载电流的测量

班级：_____   姓名：_____   组号：_____   日期：_____

一、实验项目内容

二、实验目的

三、分组分工情况

实验组次		小组成员	
实验台号		实验时间	
本次实验中担任的角色			

四、实验原理电路图

五、主要操作步骤及注意事项

13

六、实验数据及实验现象

七、绘制空载特性曲线和计算励磁参数

（1）绘制空载特性曲线和计算励磁参数。

1）绘制空载特性曲线 $U_0 = f(I_0)$，$P_0 = f(U_0)$，$\cos\varphi_0 = f(U_0)$，式中 $\cos\varphi = P_0/(U_0 I_0)$。

2）从空载特性曲线上查出对应于 $U_0 = U_N$ 时的 I_0 和 P_0 值，励磁参数计算公式分别为

$$R_m = P_0/I_0^2, \quad Z_m = U_0/I_0, \quad X_m = \sqrt{Z_m^2 - R_m^2}$$

（2）计算空载电流百分值

$$I_0\% = \frac{I_0}{I_N} \times 100\%$$

八、分析与思考

（1）在电源调节升压的过程中应重点监控什么仪表？

（2）空载特性曲线 $U_0 = f(I_0)$ 中的近饱和点如何测量比较准确？

（3）单相变压器空载试验为什么最好在额定电压下进行？

九、实验总结

任务 2.2　三相变压器变比及空载实验

表 2-7　小组成员分工明细表

角色	姓名	具体任务	签字确认
组长			
设计员			
接线员			
操作员			
监察记录员			

表 2-8　实验仪器仪表

序号	使用组件名称型号	单位	数量	功能作用及参数（学生填写）	是否良好 是（√）/否（×）
1	DD01 电源控制屏	台	1		
2	DJ11 三相组式变压器	台	1		
3	D36-2 智能真有效值电压表	块	3		
4	D35-2 智能真有效值电流表	块	3		
5	D34-2 智能型功率、功率因数表	块	2		

表 2-9　实验前重点检查项目表

序号	内容	组长签字
1	班组负责人检查同组学员是否到齐，精神状态是否良好，是否了解危险点及预控措施，根据实验内容进行合理分工	
2	找寻、安放、检查本次实验所用的设备元件、仪表、工具、导线、组件等，查看其规格性能是否满足实验要求	
3	实验前，负责人应检查实验作业方案是否正确完备，详细交代作业任务、安全措施和安全注意事项、设备状态及人员分工。全体工作人员应明确实验内容目标、进度要求等，并在实验人员签字栏内分别签名确认	

表 2-10　实验操作步骤

序号	主要步骤	作业步骤及标准	完成情况 是（√）/否（×）
1	通电前准备工作	工作负责人向工作班成员交代训练内容、使用设备、工作安全要点，注意活页表 1-4 危险点并按活页表 1-5 布置预控措施	
2	连接实验线路	按图 2-4 所示变压器空载实验实物接线图连接导线，注意导线要旋拧插拔	

序号	主要步骤	作业步骤及标准	完成情况 是（√）/否（×）
3	加电前检查各开关及旋钮的初始位置	"直流高压电源"的"电枢电源开关"及"励磁电源开关"都必须在关断的位置。"电源总开关"上方"电压指示切换开关"先拨向"三相电网输入端"。控制屏左侧端面上安装的三相电源调压器旋钮必须在零位，即必须将它向逆时针方向旋转到底	
4	通电前检查	导线连接是否正确；各开关及旋钮的初始位置是否正确 / 检查人签字 / 教师签字	
5	加电顺序	顺时针扭动钥匙开启"电源总开关"，"停止"按钮指示灯亮。将"电压指示切换开关"拨向左侧，三块电压表显示的是三相电网输入电压，其值约为380V时，表示电源正常	
6	通入微电检查电路连接的正确性	"电压指示切换开关"拨向"三相调压输出"，顺时针少量的调节调压器旋钮，观察所有仪表示值是否有变化，如果都有变化，表示接线正确；否则调压器归零，按"停止按钮"后，检查接线情况	
7	按实验要求调节电源电压	握住调压旋钮，明确调整目标，眼观电压、功率表、电流表指示，顺时针调节调压器旋钮，重点观察电压表示值的变化，先使变压器低压侧电压 U_0 升高到 $1.2U_N$，然后逐渐降低电源电压，在 $(1.2\sim0.5)U_N$ 的范围内测取变压器的 U_0、I_0、P_0，记录于表中。其中 $U_0=U_N$ 的点必须测量，且在该点附近的测点密度应大些	

序号	主要步骤	U_0 (V) 调定值	P_0 (W) (P_1+P_2)		I_0 (A) $(I_1+I_2+I_3)/3$			U_0 (V) $(U_{ac}+U_{bc}+U_{ca})/3$			U_0	I_0	$\cos\varphi_0$
			P_1	P_2	I_1	I_2	I_3	U_{ac}	U_{bc}	U_{ca}			
8	实验记录与计算	$1.2U_{2N}=$											
		$1.1U_{2N}=$											
		$1.05U_{2N}=$											
		$U_{2N}=$											
		$0.9U_{2N}=$											
		$0.8U_{2N}=$											
		$0.5U_{2N}=$											

序号	主要步骤	作业步骤及标准	完成情况
9	断电操作	实验完毕，将调压器旋钮逆时针调回到零位，所有测试仪表显示零。按下"停止"按钮切断交流电源，关断"电源总开关"	
10	重复步骤2～9	每位同学都要熟练掌握通电及断电的步骤	

表 2-11 实验总结表

序号	实验总结	
1	完成时间	
2	验收评价	
3	存在问题及处理意见	

16

📖 实 验 报 告

任务 2.2 三相变压器变比及空载实验

班级：_____ 姓名：_____ 组号：_____ 日期：_____

一、实验项目内容

二、实验目的

三、分组分工情况

实验组次		小组成员	
实验台号		实验时间	
本次实验中担任的角色			

四、实验原理电路图

五、主要操作步骤及注意事项

17

六、实验数据及实验现象

七、绘制空载特性曲线和计算励磁参数

（1）绘制空载特性曲线和计算励磁参数。

1）绘制空载特性曲线 $U_0 = f(I_0)$，$P_0 = f(U_0)$，$\cos\varphi_0 = f(U_0)$，式中 $\cos\varphi = P_0 / (U_0 I_0)$。

2）从空载特性曲线上查出对应于 $U_0 = U_N$ 时的 I_0 和 P_0 值，励磁参数计算公式分别为

$$R_m = P_0 / I_0^2, \quad Z_m = U_0 / I_0, \quad X_m = \sqrt{Z_m^2 - R_m^2}$$

（2）计算空载电流百分值

$$I_0\% = \frac{I_0}{I_N} \times 100\%$$

八、分析与思考

（1）三相变压器变比及空载实验中，所测电压和电流是相值还是线值，功率是一相的值还是三相总值？

（2）空载特性曲线 $U_0 = f(I_0)$ 中的近饱和点如何测量比较准确？

（3）三相变压器空载试验为什么最好在额定电压下进行？

九、实验总结

任务 2.3 单相变压器短路阻抗及负载损耗的测量

表 2 - 12 小组成员分工明细表

角色	姓名	具体任务	签字确认
组长			
设计员			
接线员			
操作员			
监察记录员			

表 2 - 13 实验仪器仪表

序号	使用组件名称型号	单位	数量	功能作用及参数（学生填写）	是否良好 是（√）/否（×）
1	DD01 电源控制屏	台	1		
2	DJ11 三相组式变压器	台	1		
3	D36 - 2 智能真有效值电压表	块	1		
4	D35 - 2 智能真有效值电流表	块	1		
5	D34 - 2 智能型功率、功率因数表	块	1		

表 2 - 14 实验前重点检查项目表

序号	内容	组长签字
1	班组负责人检查同组学员是否到齐，精神状态是否良好，是否了解危险点及预控措施，根据实验内容进行合理分工	
2	找寻、安放、检查本次实验所用的设备元件、仪表、工具、导线、组件等，查看其规格性能是否满足实验要求	
3	实验前，负责人应检查实验作业方案是否正确完备，详细交代作业任务、安全措施和安全注意事项、设备状态及人员分工。全体工作人员应明确实验内容目标、进度要求等，并在实验人员签字栏内分别签名确认	

表 2 - 15 实验操作步骤

序号	主要步骤	作业步骤及标准	完成情况 是（√）/否（×）
1	通电前准备工作	工作负责人向工作班成员交代训练内容、使用设备、工作安全要点，注意活页表 1 - 4 危险点并按活页表 1 - 5 布置预控措施	
2	连接实验线路	按图 2 - 6 所示单相变压器短路实验实物接线图连接导线，注意导线要旋拧插拔	

| 序号 | 主要步骤 | 作业步骤及标准 | | | | | 完成情况
是（√）/否（×） |

序号	主要步骤	作业步骤及标准	完成情况 是（√）/否（×）
3	加电前检查各开关及旋钮的初始位置	"电源总开关""直流高压电源开关""电枢电源开关"及"励磁电源开关"都必须在关断的位置。"电源总开关"上方"电压指示切换开关"先拨向"三相电网输入端"。控制屏左侧端面上安装的三相电源调压器旋钮必须在零位，即必须将它向逆时针方向旋转到底	
4	通电前检查	导线连接是否正确； 各开关及旋钮的初始位置是否正确 检查人签字 教师签字	
5	加电顺序	顺时针扭动钥匙开启"电源总开关"，"停止"按钮指示灯亮。将"电压指示切换开关"拨向左侧，三块电压表显示的是三相电网输入电压，其值约为380V时，表示电源正常	
6	通入微电检查电路连接的正确性	"电压指示切换开关"拨向"三相调压输出"，顺时针少量的调节调压器旋钮，观察所有仪表示值是否有变化，如果都有变化，表示接线正确；否则调压器归零，按"停止按钮"后，检查接线情况	
7	按实验要求调节电源电压	握住调压旋钮，明确调整目标，眼观电压、功率表、电流表指示，顺时针调节调压器旋钮，重点观察电流表值的变化，先使变压器高压侧电流 I_k 升高 $1.1I_{1N}$；然后，逐渐降低电源电压，使电流在 $(1.1\sim0.3)I_{1N}$ 的范围内；测取变压器的 U_k、I_k、P_k，记录于表中。其中 $I_k = I_{1N}$ 的点必须测量，并在该点附近的测点密度应大些	

		I_k（A）调定值	P_k（W）	I_k（A）	U_k（V）	$\cos\varphi_k$	
8	实验记录与计算	$1.1I_{1N}=$					
		$I_{1N}=$					
		$0.8I_{1N}=$					
		$0.5I_{1N}=$					
		$0.3I_{1N}=$					

序号	主要步骤	作业步骤及标准	完成情况 是（√）/否（×）
9	断电操作	实验完毕，将调压器旋钮逆时针调回到零位，所有测试仪表显示零。按下"停止"按钮切断交流电源，关断"电源总开关"	
10	重复步骤2~9	每位同学都要熟练掌握通电及断电的步骤	

表 2-16   实验总结表

序号	实验总结	
1	完成时间	
2	验收评价	
3	存在问题及处理意见	

📖 实 验 报 告

任务 2.3 单相变压器短路阻抗及负载损耗的测量

班级：_____ 姓名：_____ 组号：_____ 日期：_____

一、实验项目内容

二、实验目的

三、分组分工情况

实验组次		小组成员	
实验台号		实验时间	
本次实验中担任的角色			

四、实验原理电路图

五、主要操作步骤及注意事项

21

六、实验数据及实验现象

七、绘出短路特性曲线并计算短路参数

（1）绘出短路特性曲线 $U_k = f(I_k)$，$P_k = f(U_k)$，$\cos\varphi_k = f(U_k)$，式中 $\cos\varphi_k = P_k / (U_k I_k)$。

（2）计算短路参数。从短路特性曲线上查出对应于 $I_k = I_N$ 时的 $U_k\%$ 和 $P_k\%$ 值，励磁参数计算公式分别为

$$R_k = \frac{P_k}{I_k^2}, \quad Z_k = \frac{U_k}{I_k}, \quad X_k = \sqrt{Z_k^2 - R_k^2}$$

注意：短路电阻 R_k 会随温度变化，因此计算出的短路电阻应按国家标准换算到基准工作温度 75℃ 时的阻值（实验变压器为铜线）。

（3）计算短路电压百分值

$$U_k = \frac{I_N Z_{k75℃}}{U_N} \times 100\%, \quad U_{kR} = \frac{I_N R_{k75℃}}{U_N} \times 100\%, \quad U_{kX} = \frac{I_N X_k}{U_N} \times 100\%$$

八、分析与思考

在电源调节升压的过程中应重点监控什么仪表？

九、实验总结

任务 2.4 三相变压器短路阻抗及负载损耗的测量

表 2-17 　　　　　　　　　　　　　　　　　小组成员分工明细表

角色	姓名	具体任务	签字确认
组长			
设计员			
接线员			
操作员			
监察记录员			

表 2-18 　　　　　　　　　　　　　　　　　　实验仪器仪表

序号	使用组件名称型号	单位	数量	功能作用及参数（学生填写）	是否良好 是（√）/否（×）
1	DD01 电源控制屏	台	1		
2	DJ11 三相组式变压器	台	1		
3	D36-2 智能真有效值电压表	块	3		
4	D35-2 智能真有效值电流表	块	3		
5	D34-2 智能型功率、功率因数表	块	2		

表 2-19 　　　　　　　　　　　　　　　　实验前重点检查项目表

序号	内容	组长签字
1	班组负责人检查同组学员是否到齐，精神状态是否良好，是否了解危险点及预控措施，根据实验内容进行合理分工	
2	找寻、安放、检查本次实验所用的设备元件、仪表、工具、导线、组件等，查看其规格性能是否满足实验要求	
3	实验前，负责人应检查实验作业方案是否正确完备，详细交代作业任务、安全措施和安全注意事项、设备状态及人员分工。全体工作人员应明确实验内容目标、进度要求等，并在实验人员签字栏内分别签名确认	

表 2-20 　　　　　　　　　　　　　　　　　实验操作步骤

序号	主要步骤	作业步骤及标准	完成情况 是（√）/否（×）
1	通电前准备工作	工作负责人向工作班成员交代训练内容、使用设备、工作安全要点，注意活页表1-4危险点并按活页表1-5布置预控措施	
2	连接实验线路	按图2-8所示三相变压器短路实验接线图连接导线，注意导线要旋拧插拔	

序号	主要步骤	作业步骤及标准	完成情况 是（√）/否（×）
3	加电前检查各开关及旋钮的初始位置	"直流高压电源"的"电枢电源开关"及"励磁电源开关"都必须在关断的位置。"电源总开关"上方"电压指示切换开关"先拨向"三相电网输入端"。控制屏左侧端面上安装的三相电源调压器旋钮必须在零位，即必须将它向逆时针方向旋转到底	

| 4 | 通电前检查 | 导线连接是否正确；
各开关及旋钮的初始位置是否正确 | 检查人签字 | |
| | | | 教师签字 | |

| 5 | 加电顺序 | 顺时针扭动钥匙开启"电源总开关"，"停止"按钮指示灯亮。将"电压指示切换开关"拨向左侧，三块电压表显示的是三相电网输入电压，其值约为380V时，表示电源正常 | |

| 6 | 通入微电检查电路连接的正确性 | "电压指示切换开关"拨向"三相调压输出"，顺时针少量的调节调压器旋钮，观察所有仪表示值是否有变化，如果都有变化，表示接线正确；否则调压器归零，按"停止按钮"后，检查接线情况 | |

| 7 | 按实验要求调节电源电压 | 握住调压旋钮，明确调整目标，眼观电压、功率表、电流表指示，顺时针调节调压器旋钮，重点观察电流表示值的变化，先使变压器高压侧电流 I_k 升高 $1.1I_{1N}$；然后，逐渐降低电源电压，使电流在 $(1.1\sim0.3)I_{1N}$ 的范围内；测取变压器的 U_k、I_k、P_k，记录于表中。其中 $I_k=I_{1N}$ 的点必须测量，并在该点附近的测点密度应大些 | |

| 8 | 实验记录与计算 | | | |

I_k（A） 调定值	P_K（W）		I_{kL}（A）			U_k（V）			U_k （V）	I_k （A）	$\cos\varphi_k$
	P_{k1}	P_{k2}	I_{Ak}	I_{Bk}	I_{Ck}	U_{AB}	U_{BC}	U_{AB}			
$1.1I_{1N}=$											
$I_{1N}=$											
$0.8I_{1N}=$											
$0.5I_{1N}=$											
$0.3I_{1N}=$											

| 9 | 断电操作 | 实验完毕，将调压器旋钮逆时针调回到零位，所有测试仪表显示零。按下"停止"按钮切断交流电源，关断"电源总开关" | |
| 10 | 重复步骤2～9 | 每位同学都要熟练掌握通电及断电的步骤 | |

表 2-21　　　　　实验总结表

序号	实验总结	
1	完成时间	
2	验收评价	
3	存在问题及处理意见	

24

📖 实 验 报 告

任务 2.4　三相变压器短路阻抗及负载损耗的测量

班级：＿＿＿＿＿　姓名：＿＿＿＿＿　组号：＿＿＿＿＿　日期：＿＿＿＿＿

一、实验项目内容

二、实验目的

三、分组分工情况

实验组次		小组成员	
实验台号		实验时间	
本次实验中担任的角色			

四、实验原理电路图

五、主要操作步骤及注意事项

六、实验数据及实验现象

七、绘制短路特性曲线并计算短路参数

（1）绘制短路特性曲线 $U_k = f(I_k)$，$P_k = f(U_k)$，$\cos\varphi_k = f(U_k)$，式中 $\cos\varphi_k = P_k / (U_k I_k)$。

（2）计算短路参数

从短路特性曲线上查出对应于 $I_k = I_N$ 时的 U_k 和 P_k 值，并由下式计算出短路参数

$$R_k = \frac{P_k}{I_k^2}, \quad Z_k = \frac{U_k}{I_k}, \quad X_k = \sqrt{Z_k^2 - R_k^2}$$

（3）计算短路电压百分值

八、分析与思考

（1）三相变压器短路阻抗及负载损耗的测量实验中，所测电压和电流是相值还是线值，功率是一相的值还是三相总值？

（2）变压器短路试验加压的过程中监控的物理量是什么，最大不能超过多少？

九、实验总结

任务 2.5 单相变压器并列运行实验

表 2 - 22   小组成员分工明细表

角色	姓名	具体任务	签字确认
组长			
设计员			
接线员			
操作员			
监察记录员			

表 2 - 23   实验仪器仪表

序号	使用组件名称型号	单位	数量	功能作用及参数（学生填写）	是否良好 是（√）/否（×）
1	DD01 电源控制屏	台	1		
2	DJ11 三相组式变压器	台	1		
3	D36 - 2 智能真有效值电压表	块	1		
4	D35 - 2 智能真有效值电流表	块	1		
5	D41 三相可调电阻器	只	1		
6	D51 波形测试及开关板	只	1		

表 2 - 24   实验前重点检查项目表

序号	内容	组长签字
1	班组负责人检查同组学员是否到齐，精神状态是否良好，是否了解危险点及预控措施，根据实验内容进行合理分工	
2	找寻、安放、检查本次实验所用的设备元件、仪表、工具、导线、组件等，查看其规格性能是否满足实验要求	
3	实验前，负责人应检查实验作业方案是否正确完备，详细交代作业任务、安全措施和安全注意事项、设备状态及人员分工。全体工作人员应明确实验内容目标、进度要求等，并在实验人员签字栏内分别签名确认	

表 2 - 25   实验操作步骤

序号	主要步骤	作业步骤及标准	完成情况 是（√）/否（×）
1	通电前准备工作	工作负责人向工作班成员交代训练内容、使用设备、工作安全要点，注意活页表1-4危险点并按活页表1-5布置预控措施	

27

序号	主要步骤	作业步骤及标准	完成情况 是（√）/否（×）
2	连接实验线路	按图 2-10 所示变压器并列运行实验实物接线图连接导线，注意导线要旋拧插拔	
3	加电前检查各开关及旋钮的初始位置	"直流高压电源"的"电枢电源开关"及"励磁电源开关"都必须在关断的位置。"电源总开关"上方"电压指示切换开关"先拨向"三相电网输入端"。控制屏左侧端面上安装的三相电源调压器旋钮必须在零位，即必须将它向逆时针方向旋转到底	
4	通电前检查	导线连接是否正确； 各开关及旋钮的初始位置是否正确 / 检查人签字 / 教师签字	
5	加电顺序	顺时针扭动钥匙开启"电源总开关"，"停止"按钮指示灯亮。将"电压指示切换开关"拨向左侧，三块电压表显示的是三相电网输入电压，其值约为 380V 时，表示电源正常	
6	通入微电检查电路连接的正确性	"电压指示切换开关"拨向"三相调压输出"，顺时针少量的调节调压器旋钮，观察所有仪表示值是否有变化，如果都有变化，表示接线正确；否则调压器归零，按"停止按钮"后，检查接线情况	
7	检查变压器的变比和极性	（1）将开关 S1、S3 打开，合上开关 S2； （2）握住调压旋钮，明确调整目标，眼观电压、电流表指示，顺时针调节调压器旋钮，重点观察电压表示值的变化，调节控制屏左侧调压旋钮使变压器输入电压至额定值，测出两台变压器二次侧电压 U_{1a1x} 和 U_{2a2x} 若 $U_{1a1x}=U_{2a2x}$，则两台变压器的变比相等，即 $K_1=K_2$。若 $U_{1a2a}=U_{1a1x}-U_{2a2x}$，则首端 1a 与 2a 为同极性端，反之为异极性端	
8	投入并联	检查两台变压器的变比相等和极性相同后，合上开关 S1，即投入并联，若 K_1 与 K_2 不是严格相等，将会产生环流	
9	两台单相变压器并联运行	（1）抗电压相等的两台单相变压器并联运行： 投入并联后，合上负载开关 S3；在保持一次侧额定电压不变的情况下，逐渐增加负载电流（即减小负载 R_L 的阻值。先调节 90Ω 与 90Ω 串联电阻，当减小至零时用导线短接，然后再调节并联电阻部分），直其中一台变压器的输出电流达到额定电流为止；测取 I、I_1、I_2，取数据 4～5 组记录于实验记录与计算表 1； （2）阻抗电压不相等的两台单相变压器并联运行： 打开短路开关 S2，变压器 2 的二次侧串入电阻 R，R 数值可根据需要调节（一般 5～10Ω 之间），重复前面实验测出 I、I_1、I_2，取数据 5～6 组记录于实验记录与计算表 2	

序号	主要步骤	作业步骤及标准						完成情况 是（√）/否（×）
10	实验记录与计算	表1（阻抗电压相等）			表2（阻抗电压不相等）			
		I_1（A）	I_2（A）	I（A）	I_1（A）	I_2（A）	I（A）	
11	断电操作	实验完毕，将调压器旋钮逆时针调回到零位，所有测试仪表显示零。按下"停止"按钮切断交流电源，关断"电源总开关"						

表 2 - 26　　　　　　　　　　　　实验总结表

序号	项目	实验总结
1	完成时间	
2	验收评价	
3	存在问题及处理意见	

29

活页实验报告

📖 实 验 报 告

班级：＿＿＿＿＿ 姓名：＿＿＿＿＿ 组号：＿＿＿＿＿ 日期：＿＿＿＿＿

一、实验项目内容

二、实验目的

三、分组分工情况

实验组次		小组成员	
实验台号		实验时间	
本次实验中担任的角色			

四、实验原理电路图

五、主要操作步骤及注意事项

31

六、实验数据及实验现象

七、绘出负载分配曲线

（1）根据实验记录表 1 的数据，画出负载分配曲线 $I_I = f(I)$ 及 $I_{II} = f(I)$。

（2）根据实验记录表 2 的数据，画出负载分配曲线 $I_I = f(I)$ 及 $I_{II} = f(I)$。

八、分析与思考

分析实验中阻抗电压对负载分配的影响。

九、实验总结

任务 2.6 三相笼形异步电动机启动实验

表 2-27   小组成员分工明细表

角色	姓名	具体任务	签字确认
组长			
设计员			
接线员			
操作员			
监察记录员			

表 2-28   实验仪器仪表

序号	使用组件名称型号	单位	数量	功能作用及参数（学生填写）	是否良好 是（√）/否（×）
1	DD01 电源控制屏	台	1		
2	DJ16 三相笼形异步电动机	台	1		
3	D36-2 智能真有效值电压表	块	1		
4	D35-2 智能真有效值电流表	块	1		

表 2-29   实验前重点检查项目表

序号	内容	组长签字
1	班组负责人检查同组学员是否到齐，精神状态是否良好，是否了解危险点及预控措施，根据实验内容进行合理分工	
2	找寻、安放、检查本次实验所用的设备元件、仪表、工具、导线、组件等，查看其规格性能是否满足实验要求	
3	实验前，负责人应检查实验作业方案是否正确完备，详细交代作业任务、安全措施和安全注意事项、设备状态及人员分工。全体工作人员应明确实验内容目标、进度要求等，并在实验人员签字栏内分别签名确认	

表 2-30   实验操作步骤

序号	主要步骤	作业步骤及标准	完成情况 是（√）/否（×）
1	通电前准备工作	工作负责人向工作班成员交代训练内容、使用设备、工作安全要点，注意活页表1-4危险点并按活页表1-5布置预控措施	

33

序号	主要步骤	作业步骤及标准	完成情况 是（√）/否（×）	
2	连接实验线路	按图2-18所示异步电动机启动接线实物图连接导线，注意导线要旋拧插拔		
3	加电前检查各开关及旋钮的初始位置	"直流高压电源"的"电枢电源开关"及"励磁电源开关"都必须在关断的位置。"电源总开关"上方"电压指示切换开关"先拨向"三相电网输入端"。控制屏左侧端面上安装的三相电源调压器旋钮必须在零位，即必须将它向逆时针方向旋转到底		
4	通电前检查	导线连接是否正确；	检查人签字	
		各开关及旋钮的初始位置是否正确	教师签字	
5	加电顺序	顺时针扭动钥匙开启"电源总开关"，"停止"按钮指示灯亮。将"电压指示切换开关"拨向左侧，三块电压表显示的是三相电网输入电压，其值约为380V时，表示电源正常		
6	通入微电检查电路连接的正确性	"电压指示切换开关"拨向"三相调压输出"，顺时针少量的调节调压器旋钮，观察所有仪表示值是否有变化，如果都有变化，表示接线正确；否则调压器归零，按"停止按钮"后，检查接线情况		
7	按实验要求调节电源电压	（1）直接与异常： 1）按图2-18接线，合上DD01开关（此时电动机定子所加电压 $U_{1N}=380V$），记录启动瞬间的定子电流于表1中，稳定运行的定子电流； 2）断开三相电源，任意调换三相电源的两根入线后，合上三相电源开关，观察电动机转向的变化，记录观察到的现象； 3）断开电源到电动机定子的任一相导线，观察异步电动机能否继续运行，记录观察到的现象； 4）断开三相电源。定子绕组接入任意两相电源（U1V1），断开一相电源（W1），再合上三相电源，观察电动机能否启动，记录观察到的现象于下表1中。 （2）Y接降压启动： 操作步骤参照（1），记录启动瞬间的定子电流，稳定运行的定子电流，并与全压启动比较。 （3）调压器降压启动： 1）先不连接电动机，合上DD01电源开关，观察电源面板上的电压表，调整调压器，使其首先输出 $30\%U_{1N}$； 2）再断开电源开关，使用三相插头连接异步电动机； 3）接通电源开关，观测降压后的异步机直接启动电流和稳定电流，并记录于下表2中； 4）再断开电源开关，拔掉异步电动机连接插头，合上电源开关，使调压器输出为 $60\%U_{1N}$ 的电压，重复步骤2）、3）		

序号	主要步骤	作业步骤及标准	完成情况 是（√）/否（×）
8	实验记录与计算	表1 | 断开点	空载能否运行	空载能否启动	启动电流 | 表2 |	U_{1N} （△接）	60% （△接）	30%U_{1N} （△接）	U_{1N} （Y接）
启动电流				
稳定转速						
9	断电操作	实验完毕，将调压器旋钮逆时针调回到零位，所有测试仪表显示零。按下"停止"按钮切断交流电源，关断"电源总开关"	
10	重复步骤2～9	每位同学都要熟练掌握通电及断电的步骤	

表 2-31   实验总结表

序号		实验总结
1	完成时间	
2	验收评价	
3	存在问题及处理意见	

活页实验报告

📖 实 验 报 告

三相笼形异步电动机启动实验

班级：_____ 姓名：_____ 组号：_____ 日期：_____

一、实验项目内容

二、实验目的

三、分组分工情况

实验组次		小组成员	
实验台号		实验时间	
本次实验中担任的角色			

四、实验原理电路图

五、主要操作步骤及注意事项

六、实验数据及实验现象

七、分析与思考

（1）分别分析 Y 形、△形接法异动电动机电源断相、绕组断相启动时的旋转磁场。

（2）对各种情况下的启动电流实验结果进行分析。

八、实验总结

任务 2.7 三相同步发电机空载、稳态短路特性实验

表 2-32 小组成员分工明细表

角色	姓名	具体任务	签字确认
组长			
设计员			
接线员			
操作员			
监察记录员			

表 2-33 实验仪器仪表

序号	使用组件名称型号	单位	数量	功能作用及参数（学生填写）	是否良好 是（√）/否（×）
1	DD01 电源控制屏	台	1		
2	D36-2 智能真有效值电压表	块	1		
3	D35-2 智能真有效值电流表	块	3		
4	D34-2 智能型功率、功率因数表	块	1		
5	D31 智能直流电压、电流表	块	1		
6	DD03 导轨、测速发电机及转速表	件	1		
7	DJ15-2 直流复励电动机	台	1		
8	DJ18 三相同步电机 GS	台	1		
9	D52 旋转灯、并网开关、同步机励磁电源	件	1		

表 2-34 实验前重点检查项目表

序号	内容	组长签字
1	班组负责人检查同组学员是否到齐，精神状态是否良好，是否了解危险点及预控措施，根据实验内容进行合理分工	
2	找寻、安放、检查本次实验所用的设备元件、仪表、工具、导线、组件等，查看其规格性能是否满足实验要求	
3	实验前，负责人应检查实验作业方案是否正确完备，详细交代作业任务、安全措施和安全注意事项、设备状态及人员分工。全体工作人员应明确实验内容目标、进度要求等，并在实验人员签字栏内分别签名确认	

表 2-35 实验操作步骤

序号	主要步骤	作业步骤及标准	完成情况 是（√）/否（×）
1	通电前准备工作	工作负责人向工作班成员交代训练内容、使用设备、工作安全要点，注意活页表 1-4 危险点并按活页表 1-5 布置预控措施	

序号	主要步骤	作业步骤及标准	完成情况 是（√）/否（×）
2	连接实验线路	按图 2-20 所示三相同步发电机空载实验实物接线图进行连接，注意导线要旋拧插拔	
3	加电前检查各开关及旋钮的初始位置	"直流高压电源"的"电枢电源开关"及"励磁电源开关"都必须在关断的位置。"电源总开关"上方"电压指示切换开关"先拨向"三相电网输入端"。控制屏左侧端面上安装的三相电源调压器旋钮必须在零位，即必须将它向逆时针方向旋转到底	
4	通电前检查	导线连接是否正确；各开关及旋钮的初始位置是否正确　　检查人签字　　　　教师签字	
5	加电顺序	顺时针扭动钥匙开启"电源总开关"，"停止"按钮指示灯亮。将"电压指示切换开关"拨向左侧，三块电压表显示的是三相电网输入电压，其值约为 380V 时，表示电源正常	
6	通入微电检查电路连接的正确性	"电压指示切换开关"拨向"三相调压输出"，顺时针少量的调节调压器旋钮，观察所有仪表示值是否有变化，如果都有变化，表示接线正确；否则调压器归零，按"停止按钮"后，检查接线情况	
7	按实验要求调节电源电压	（1）空载实验： 1）调节模块 D52 上的 24V 励磁电源串接的 R_{f2} 至最大位置。调节 MG 的电枢串联电阻 R_{st} 至最大值，MG 的励磁调节电阻 R_{fl} 至最小值。将控制屏左侧调压器旋钮向逆时针方向旋转退到零位，检查控制屏上的电源总开关、电枢电源开关及励磁电源开关都须在"关"的位置，做好实验开机准备； 2）接通控制屏上的电源总开关，按下"启动"按钮，接通励磁电源开关，看到电流表 PA2 有励磁电流指示后，再接通控制屏上的电枢电源开关，启动 MG。MG 启动运行正常后，把 R_{st} 调至最小，调节 R_{fl} 使 MG 转速达到同步发电机的额定转速 1500r/min 并保持恒定； 3）接通 GS 励磁电源，调节 GS 励磁电流（必须单方向调节），使 I_f 单方向递增至 GS 输出电压 $U_0 \approx 1.3U_N$ 为止； 4）单方向减小 GS 励磁电流，使 I_f 单方向减至零值为止，读取励磁电流 I_f 和相应的空载电压 U_0。共取数据 7～9 组并记录于下表 1 中。 （2）短路实验（学生自己画出短路实验原理图）： 1）调节 GS 的励磁电源串接的 R_{f2} 至最大值。调节电机转速为额定转速 1500r/min，且保持恒定； 2）接通 GS 的 24V 励磁电源，调节 R_{f2} 使 GS 输出的三相线电压（即三只电压表 PV 的读数）最小，然后把 GS 输出三端点短接，即把三只电流表输出端短接； 3）调节 GS 的励磁电流 I_f 使其定子电流 $I_k = 1.2I_N$，读取 GS 的励磁电流值 I_f 和相应的定子电流值 I_k； 4）减小 GS 的励磁电流使定子电流减小，直至励磁电流为零，读取励磁电流 I_f 和相应的定子电流 I_k。共取数据 5～6 组并记录于下表 2 中	

序号	主要步骤	作业步骤及标准	完成情况 是（√）/否（×）
8	实验记录与计算	表1 空载实验数据记录表 $n=n_N=1500r/min$，$I=0A$ 表2 短路实验数据记录表 $U=0V$，$n=n_N=1500r/min$	
9	断电操作	实验完毕，将"直流机电源"的"电枢电源开关"及"励磁电源开关"拨回到关断位置	
10	重复步骤2～9	每位同学都要熟练掌握通电及断电的步骤	

表1 空载实验数据记录表

序号 参数	1	2	3	4	5	6	7	8	9
U_0（V）									
I_f（A）									

表2 短路实验数据记录表

序号 参数	1	2	3	4	5	6	7	8	9
I_k（A）									
I_f（A）									

表 2-36   实验总结表

序号	实验总结	
1	完成时间	
2	验收评价	
3	存在问题及处理意见	

活页实验报告

实 验 报 告

任务 2.7　三相同步发电机空载、稳态短路特性实验

班级：_____　　姓名：_____　　组号：_____　　日期：_____

一、实验项目内容

二、实验目的

三、分组分工情况

实验组次		小组成员	
实验台号		实验时间	
本次实验中担任的角色			

四、实验原理电路图

五、主要操作步骤及注意事项

六、实验数据及实验现象

七、绘出空载、短路特性曲线和计算参数

（1）在同一坐标纸上用标幺值绘出同步发电机空载、三相短路特性曲线。

（2）用空载特性和短路特性确定 X_a 的不饱和值以及短路比。

八、分析与思考

（1）空载实验时，测量点的疏密怎样选择？为什么？

（2）为什么测短路特性时，转速不必严格保持同步转速，而作其他特性需要严格保持同步转速？

九、实验总结

任务 2.8　三相同步发电机并网及解列运行实验

表 2-37　　　　　　　　　　　　　小组成员分工明细表

角色	姓名	具体任务	签字确认
组长			
设计员			
接线员			
操作员			
监察记录员			

表 2-38　　　　　　　　　　　　　　实验仪器仪表

序号	使用组件名称型号	单位	数量	功能作用及参数（学生填写）	是否良好 是（√）/否（×）
1	DD01 电源控制屏	台	1		
2	DD03 导轨、测速发电机及转速表	件	1		
3	DJ18 三相同步电机	台	1		
4	D31-2/3 型智能直流电压、电流表	块	1		
5	D35-2 智能真有效值电流表	块	1		
6	D36-2 智能真有效值电压表	块	1		
7	D34-3 智能型功率、功率因数表	块	1		
8	D41 三相可调电阻器	件	1		
9	D44 可调电阻器、电容器	件	1		
10	D52 旋转灯、并网开关、同步机励磁电源	件	1		
11	D53 整步表及开关	件	1		

表 2-39　　　　　　　　　　　　　实验前重点检查项目

序号	内容	组长签字
1	班组负责人检查同组学员是否到齐，精神状态是否良好，是否了解危险点及预控措施，根据实验内容进行合理分工	
2	找寻、安放、检查本次实验所用的设备元件、仪表、工具、导线、组件等，查看其规格性能是否满足实验要求	
3	实验前，负责人应检查实验作业方案是否正确完备，详细交代作业任务、安全措施和安全注意事项、设备状态及人员分工。全体工作人员应明确实验内容目标、进度要求等，并在实验人员签字栏内分别签名确认	

表 2 - 40　　　　　　　　　　　　　　　实验操作步骤

序号	主要步骤	作业步骤及标准	完成情况 是（√）/否（×）
1	通电前准备工作	工作负责人向工作班成员交代训练内容、使用设备、工作安全要点，注意活页表1-4危险点并按活页表1-5布置预控措施	
2	连接实验线路	按图2-24所示发电机并网实验实物接线图进行连接，注意导线要旋拧插拔	
3	加电前检查各开关及旋钮的初始位置	"直流高压电源"的"电枢电源开关"及"励磁电源开关"都必须在关断的位置。"电源总开关"上方"电压指示切换开关"先拨向"三相电网输入端"。控制屏左侧端面上安装的三相电源调压器旋钮必须在零位，即必须将它向逆时针方向旋转到底	
4	通电前检查	导线连接是否正确； 各开关及旋钮的初始位置是否正确	检查人签字 教师签字
5	加电顺序	顺时针扭动钥匙开启"电源总开关"，"停止"按钮指示灯亮。将"电压指示切换开关"拨向左侧，三块电压表显示的是三相电网输入电压，其值约为380V时，表示电源正常	
6	通入微电检查电路连接的正确性	"电压指示切换开关"拨向"三相调压输出"，顺时针少量的调节调压器旋钮，观察所有仪表示值是否有变化，如果都有变化，表示接线正确；否则调压器归零，按"停止按钮"后，检查接线情况	
7	三相同步发电机并网	（1）三相调压器旋钮退至零位，在电枢电源及励磁电源开关都在"关断"位置的条件下，合上电源总开关，按下"启动"按钮，调节调压器使电压升至额定电压220V，可通过电压表PV1观测； （2）按并励直流电动机启动并使其转速达到1500 r/min。调节同步发电机励磁电源电压以改变GS的励磁电流 I_f，使同步发电机发出额定电压220V，可通过电压表PV2观测，D53整步表上琴键开关打在"断开"位置； （3）观察三组相灯，判断发电机和电网相序是否相同。当发电机和电网相序不同则应停机（先将发电机24V励磁电压调节到0V，再将并励直流电动机电压调节到最小，断开电源开关），在确保断电的情况下，调换发电机或三相电源任意两根端线以改变相序，然后按前述方法重新启动MG； （4）当发电机和电网相序相同时，调节同步发电机励磁使同步发电机电压和电网（电源）电压相同。再进一步细调原动机转速。使各相灯光缓慢地轮流旋转变亮，此时接通D53整步表上琴键开关，观察D53上电压表PV和频率表PF上指针在中间位置，S表指针缓慢旋转。待A相灯熄灭时合上并网开关S1，把同步发电机投入电网并联运行（为选准并网时机，可让其循环几次再并网）； （5）停机时应先断开D53整步表上琴键开关，然后按下D52上红色按钮，即断开电网开关S1，将 R_{st} 调至最大，断开电枢电源，再断开励磁电源，把三相调压器旋至零位	

序号	主要步骤	作业步骤及标准	完成情况 是（√）/否（×）
8	解列	（1）调节直流电机电枢电压使 $P_2=0$，同时，调节同步发电机励磁电流使同步发电机电枢电流 $I=0$，断开并网开关 S1； （2）减小同步发电机励磁电流，使同步发电机发出额定电压为零，可通过 PV2 表观测，减小并励直流电动机电源电压到最小（40～450V），断开电源开关； （3）三相调压器调到零位，按下"停止"按钮，关闭总电源	
9	重复步骤 2～9	每位同学都要熟练掌握通电及断电的步骤	

表 2-41   实验总结表

序号	实验总结	
1	完成时间	
2	验收评价	
3	存在问题及处理意见	

活页实验报告

📖 实 验 报 告

任务 2.8 三相同步发电机并网及解列运行实验

班级：＿＿＿＿＿ 姓名：＿＿＿＿＿ 组号：＿＿＿＿＿ 日期：＿＿＿＿＿

一、实验项目内容

二、实验目的

三、分组分工情况

实验组次		小组成员	
实验台号		实验时间	
本次实验中担任的角色			

四、实验原理电路图

五、主要操作步骤及注意事项

六、实验数据及实验现象

七、分析与思考

（1）原动机不调节而调节励磁电流改变无功功率时，分析有功功率是否变化？

（2）励磁电流不调节而调节有功功率时，分析无功功率是否变化？

八、实验总结

任务 2.9 同步发电机并网功率调节实验

表 2 - 42　　　　　　　　　　　　　小组成员分工明细表

角色	姓名	具体任务	签字确认
组长			
设计员			
接线员			
操作员			
监察记录员			

表 2 - 43　　　　　　　　　　　　　　实验仪器仪表

序号	使用组件名称型号	单位	数量	功能作用及参数（学生填写）	是否良好 是（√）/否（×）
1	DD01 电源控制屏	台	1		
2	DD03 导轨、测速发电机及转速表	件	1		
3	DJ18 三相同步电机	件	1		
4	D31 - 2/3 型智能直流电压、电流表	块	1		
5	D35 - 2 智能真有效值电流表	块	1		
6	D36 - 2 智能真有效值电压表	块	1		
7	D34 - 3 智能型功率、功率因数表	块	1		
8	D41 三相可调电阻器	件	1		
9	D44 可调电阻器、电容器	件	1		
10	D52 旋转灯、并网开关、同步机励磁电源	件	1		
11	D53 整步表及开关	件	1		

表 2 - 44　　　　　　　　　　　　　实验前重点检查项目

序号	内容	组长签字
1	班组负责人检查同组学员是否到齐，精神状态是否良好，是否了解危险点及预控措施，根据实验内容进行合理分工	
2	找寻、安放、检查本次实验所用的设备元件、仪表、工具、导线、组件等，查看其规格性能是否满足实验要求	
3	实验前，负责人应检查实验作业方案是否正确完备，详细交代作业任务、安全措施和安全注意事项、设备状态及人员分工。全体工作人员应明确实验内容目标、进度要求等，并在实验人员签字栏内分别签名确认	

序号	主要步骤	作业步骤及标准		完成情况 是（√）/否（×）
	表 2 - 45	**实验操作步骤**		
1	通电前准备工作	工作负责人向工作班成员交代训练内容、使用设备、工作安全要点，注意危险点并布置预控措施		
2	连接实验线路	按图 2 - 27 所示发电机并网实验实物接线图进行连接，注意导线要旋拧插拔		
3	加电前检查各开关及旋钮的初始位置	"直流高压电源"的"电枢电源开关"及"励磁电源开关"都必须在关断的位置。"电源总开关"上方"电压指示切换开关"先拨向"三相电网输入端"。控制屏左侧端面上安装的三相电源调压器旋钮必须在零位，即必须将它向逆时针方向旋转到底		
4	通电前检查	导线连接是否正确； 各开关及旋钮的初始位置是否正确	检查人签字	
			教师签字	
5	加电顺序	顺时针扭动钥匙开启"电源总开关"，"停止"按钮指示灯亮。将"电压指示切换开关"拨向左侧，三块电压表显示的是三相电网输入电压，其值约为380V时，表示电源正常		
6	通入微电检查电路连接的正确性	"电压指示切换开关"拨向"三相调压输出"，顺时针少量的调节调压器旋钮，观察所有仪表示值是否有变化，如果都有变化，表示接线正确。否则调压器归零，按"停止按钮"后，检查接线情况		
7	三相同步发电机并网	（1）三相调压器旋钮退至零位，在电枢电源及励磁电源开关都在"关断"位置的条件下，合上电源总开关，按下"启动"按钮，调节调压器使电压升至额定电压 220V，可通过 PV1 表观测； （2）按并励直流电动机启动并使其转速达到 1500 r/min。调节同步发电机励磁电源电压以改变 GS 的励磁电流 I_f，使同步发电机发出额定电压 220V，可通过 PV$_2$ 表观测，D53 整步表上琴键开关打在"断开"位置； （3）观察三组相灯，判断发电机和电网相序是否相同。当发电机和电网相序不同则应停机（先将发电机 24V 励磁电压调节到 0，再将并励直流电动机电压调节到最小，断开电源开关），在确保断电的情况下，调换发电机或三相电源任意两根端线以改变相序后，按前述方法重新启动 MG； （4）当发电机和电网相序相同时，调节同步发电机励磁使同步发电机电压和电网（电源）电压相同。再进一步细调原动机转速。使各相灯光缓慢地轮流旋转发亮，此时接通 D53 整步表上琴键开关，观察 D53 上电压表 PV 和频率表 PF 指针在中间位置，S 表指针缓慢旋转。待 A 相灯熄灭时合上并网开关 S1，把同步发电机投入电网并联运行（为选准并网时机，可让其循环几次再并网）； （5）停机时应先断开 D53 整步表上琴键开关，然后按下 D52 上红色按钮，即断开电网开关 S1，将 R$_{st}$ 调至最大，断开电枢电源，再断开励磁电源，把三相调压器旋至零位		

序号	主要步骤	作业步骤及标准	完成情况 是（√）/否（×）
8	并网后有功功率的调节	（1）按上述方法把同步发电机投入电网并联运行； （2）并网以后，调节并励直流电动机外加电压和发电机的励磁电压（励磁电流 I_f）使同步发电机定子电流接近于零，这时相应的同步发电机励磁电流 $I_f = I_{f0}$； （3）保持这一励磁电流 I_{f0} 不变，调节直流电机的励磁电压，使其增大，则转速 n_1 升高，这时同步发电机输出功率 P_2 增大； （4）在同步机定子电流在 $0 \sim I_N$ 范围内读取三相电流、三相功率、功率因数，共取数据 $6 \sim 7$ 组记录于下表 1 中	
9	并网后无功功率的调节	（1）测取当输出功率等于零时三相同步发电机的 V 形特性曲线： 1）调节直流电动机电枢电压，使电流 $I = 0$，即 $P_2 = 0$。此时的励磁电流 $I_f = I_{f0}$，记录此值； 2）保持 $P_2 = 0$； 3）调节同步发电机励磁电压，使励磁电流 I_f 上升（$I_f > I_{f0}$）。使同步发电机定子电流上升（小于额定电流）。此状态下，记录 $2 \sim 3$ 组同步发电机励磁电流 I_f、定子电流 I； 4）继续减小同步电机励磁电压，使励磁电流减小（$I_f < I_{f0}$），这时定子电流又将增大（注意小于额定电流）。此状态下，记录 $2 \sim 3$ 组点同步发电机励磁电流 I_f、定子电流 I。增大同步电机励磁电压（励磁电流 I_f）使定子电流 $I = 0$，$P_2 = 0$，$I_f = I_{F0}$； 5）在这过励（增大励磁）和欠励（减小励磁）情况下读取数据 $5 \sim 6$ 组记录于下表 2 中。 （2）测取当输出功率等于 0.5 倍额定功率时三相同步发电机的 V 形特性曲线： 1）调节直流电动机电枢电压，使同步发电机 $P_2 = 0.5P_N$； 2）保持同步发电机的输出功率等于 0.5 倍额定功率； 3）增加同步发电机励磁电压，使励磁电流 I_f 增大，同步发电机定子电流上升（小于额定电流），记录此状态下 $2 \sim 3$ 组同步发电机励磁电流 I_f，定子电流 I； 4）减小同步电机励磁电流 I_f 使定子电流 I 减小到最小值记录此点数据； 5）继续减小同步电机励磁电流 I_f，这时定子电流又将增大（小于额定电流），记录此状态下 $2 \sim 3$ 组同步发电机励磁电流 I_f，定子电流 I； 6）在这过励和欠励情况下共取数据 5 组并记录于下表 3 中	
10	解列	（1）调节直流电机电枢电压使 $P_2 = 0$，同时调节同步发电机励磁电流使同步发电机电枢电流 $I = 0$，断开并网开关 S1； （2）减小同步发电机励磁电流，使同步发电机发出额定电压为零，可通过电压表 PV2 观测，减小并励直流电动机电源电压到最小（$40 \sim 450V$），断开电源开关； （3）三相调压器调到零位，按下"停止"按钮，关闭总电源	

序号	主要步骤	作业步骤及标准	完成情况 是（√）/否（×）
11	实验记录与计算	表1 $U=$___V（Y）；$I_f=I_{f0}=$___A （见下表1） 表中：$I=(I_A+I_B+I_C)/3$，$P_2=P_{\mathrm{I}}+P_{\mathrm{II}}$，$\cos\varphi=P_2/\sqrt{3}UI$ 表2 $n=$___r/min；$U=$___V；$P_2\approx0$W （见下表2） 表中：$I=(I_A+I_B+I_C)/3$ 表3 $n=$___r/min；$U=$___V；$P_2\approx0.5P_N$ （见下表3） 表中：$I=(I_A+I_B+I_C)/3$	
12	断电操作	实验完毕，将调压器旋钮逆时针调回到零位，所有测试仪表显示零。按下"停止"按钮切断交流电源，关断"电源总开关"	
13	重复步骤2～9	每位同学都要熟练掌握通电及断电的步骤	

表1

I（A） 调定值	输出电流 I（A）				输出功率 P_2（W）			功率因数 $\cos\varphi$
	I_A	I_B	I_C	I	P_{I}	P_{II}	$P2$	
0								
$0.2I_N=$								
$0.5I_N=$								
$0.8I_N=$								
$I_N=$								

表2

序号	三相电流 I（A）				励磁电流 I_f（A）
	I_A	I_B	I_C	I	I_f

表3

序号	三相电流 I（A）				励磁电流 I_f（A）
	I_A	I_B	I_C	I	I_f

54

表 2 - 46　　　　　　　　　　　　　　　　　实验总结表

序号		实验总结
1	完成时间	
2	验收评价	
3	存在问题及处理意见	

活页实验报告

📖 实 验 报 告

任务 2.9 同步发电机并网功率调节实验

班级：_____   姓名：_____   组号：_____   日期：_____

一、实验项目内容

二、实验目的

三、分组分工情况

实验组次		小组成员	
实验台号		实验时间	
本次实验中担任的角色			

四、实验原理电路图

五、主要操作步骤及注意事项

六、实验数据及实验现象

七、画出 $P_2 \approx 0$ 和 $P_2 \approx 0.5P_N$ 时同步发电机的 V 形特性曲线，并说明输出功率的情况、励磁状态和静稳定程度。

八、分析与思考

（1）原动机不调节而调节励磁电流以改变无功功率时，分析有功功率是否变化？

（2）励磁电流不调节而调节有功功率时，分析无功功率是否变化？

（3）试述三相同步发电机和电网并联运行时有功功率和无功功率的调节方法。

九、实验总结

实 训 报 告

电动机控制技能训练

项目 3

任务 3.5 电动机长动控制电路安装与调试

姓名：　　　　　　　　组号：　　　　　日期：

班级：　　　　

任务 3.5.1　绘制长动控制电路端子图

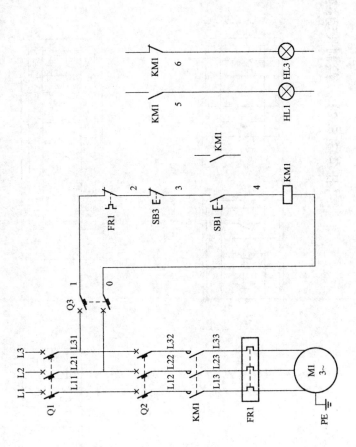

【任务 3.5.2】 绘制长动控制电路安装接线图

Q1 Q2 Q3

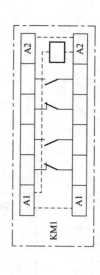

KM1

A1 A2

FR1

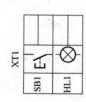

XT1

SB1 HL1

SB3 HL3

【任务 3.5.3】 填写明细表

表 3 - 6　　　　　　　　　长动控制电路配线明细表（辅助回路）

接线顺序	线号	端子号	导线颜色	导线长度（cm）	确认（√）
	0—1	［例］Q3：2—KM1：A2	蓝	30	

【任务 3.5.4】 线路检查

（一）主回路检查方法

说明：

（1）此查线方法仅限于工作台内线路检查之用。

（2）此查线方法为不带电检查方法。

（3）测量前先把所有接线端子螺钉紧固。

（4）根据下表进行测量并把测量结果填入表 3-7 中。

表 3-7 长动主回路查线表

回路	测量步骤	正确测量结果	实际测量结果
主回路	（1）合上 Q1	—	—
	（2）合上 Q2	—	—
	（3）测量原理图中 L1-L2 间电阻 实际测量点：接线板左上方黄、绿接线柱之间电阻	OL	
	（4）测量原理图中 L2-L3 间电阻 实际测量点：接线板左上方绿、红接线柱之间电阻	OL	
	（5）测量原理图中 L1-L3 间电阻 实际测量点：接线板左上方黄—红接线柱之间电阻	OL	
	（6）测量 M1：U1-M1：V1 间电阻	OL	
	（7）测量 M1：V1-M1：W1 间电阻	OL	
	（8）测量 M1：U1-M1：W1 间电阻	OL	
	（9）测量 L1-KM1：1/L1 之间电阻	≤1Ω	
	（10）测量 L2-KM1：3/L2 之间电阻	≤1Ω	
	（11）测量 L3-KM1：5/L3 之间电阻	≤1Ω	
	（12）测量 KM1：2/T1-M1：U1 之间电阻	≤1Ω	
	（13）测量 KM1：4/T2-M1：V1 之间电阻	≤1Ω	
	（14）测量 KM1：6/T3-M1：W1 之间电阻	≤1Ω	
	（15）测量 M1：U2-M1：V2 之间电阻	接近 0Ω	
	（16）测量 M1：V2-M1：W2 之间电阻	接近 0Ω	
	（17）测量 M1：U2-M1：W2 之间电阻	接近 0Ω	
	（18）断开 Q2	—	—
	（19）断开 Q1	—	—

（二）控制回路检查方法

说明：

（1）此查线方法仅限于工作台内线路检查之用。

（2）此查线方法为不带电检查方法。

（3）测量前先把所有接线端子螺钉紧固。

（4）先根据端子图中线号进行检查，用万用表电阻挡测等电位点之间是否导通，再模拟通电顺序进行回路电阻测量。

（5）根据表 3-8 所列测量步骤进行测量，并把测量结果填入表中。

表 3-8　　　　　　　　　　　　　　　　长动控制回路查线表

回路	测量步骤	正确测量结果	实际测量结果
控制回路	（1）合上 Q1	—	—
	（2）合上 Q3	—	—
	（3）测 L2-Q3：2 之间电阻	≤1Ω	
	（4）测 L3-Q3：4 之间电阻	≤1Ω	
	（5）测量 L2-L3 间电阻	OL	
	（6）万用表仍放在 L2、L3 端，按下 SB1 保持，观察万用表示数	KM1 线圈电阻值 +2Ω 范围内	
	（7）保持 SB1 不动，同时按下 SB3，观察万用表示数	OL	
	（8）松开 SB3	KM1 线圈电阻值 +2Ω 范围内	
	（9）保持 SB1 不动，推动 FR1 测试导板保持，观察万用表示数	OL	
	（10）松开 FR1 测试导板	KM1 线圈电阻值 +2Ω 范围内	
	（11）松开 SB1	OL	
	（12）把表线放在 KM1 并联辅助动合触点两端，按下 SB1 保持，观察万用表示数	≤1Ω	
	（13）松开 SB1	—	—
	（14）断开 Q3	—	—
	（15）断开 Q1	—	—

（三）指示回路检查方法

说明：

（1）此查线方法仅限于工作台内线路检查之用。

（2）所有测量端子以端子图中所示端子号为准。

（3）此查线方法为不带电检查方法。

（4）测量前先把所有接线端子螺钉紧固。

（5）根据表 3-9 所列测量步骤进行测量，并把测量结果填入表中。

表 3-9　　　　　　　　　　　　　长动指示回路查线表

回路	测量步骤	正确测量结果	实际测量结果
绿灯回路	（1）合上 Q1	—	—
	（2）合上 Q3	—	—
	（3）测端子图中 L3-HL3 灯上端所接端子间电阻	≤1Ω	
	（4）表线保持不动，按下接触器 KM1 触头架或测试按键，再次测 L3-HL3 灯上端所接端子间电阻	OL	
	（5）测端子图中 L2-HL3 灯下端所接端子间电阻	≤1Ω	
	（6）松开 KM1	—	—
红灯回路	（7）测红灯回路中 L3-KM1 辅助动合触点上端所接端子间电阻	≤1Ω	
	（8）测红灯回路端子图中 KM1 辅助动合触点下端与 HL1 灯上端所接电阻	≤1Ω	
	（9）测 HL1 灯下端所接端子与 L2 间电阻	≤1Ω	
	（10）断开 Q3	—	—
	（11）断开 Q1	—	—

【任务 3.5.5】 填写长动控制电路通电操作票

表 3 - 10 长动控制电路通电操作票

任务	长动控制电路通电操作		操作时间		
班级：		组别：	唱票人：		操作人：
序号	操作项目		确认执行√	正确现象分析	实际现象记录 正确打√，错误记录

序号	操作项目	确认执行√	正确现象分析	实际现象记录 正确打√，错误记录

序号	操作项目	确认执行√	正确现象分析	实际现象记录 正确打√，错误记录

序号	操作项目	确认执行√	正确现象分析	实际现象记录 正确打√，错误记录

【任务3.5.6】 故障分析

说明：

（1）对通电时出现的故障进行分析，填入表3-11。

（2）如通电正确则模拟出至少3个故障现象进行故障分析。

表3-11 长动控制电路故障分析表

序号	故障现象	故障原因分析	故障点

活页实训报告

实 训 报 告

任务 3.6　两地控制电路设计、安装与调试

班级：＿＿＿＿＿＿＿＿

姓名：＿＿＿＿＿＿　组号：＿＿＿＿＿　日期：＿＿＿＿＿＿

【任务 3.6.1】　绘制电动机两地控制原理图并标注端子号

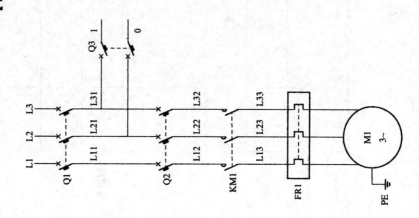

[任务 3.6.2] 填写电动机两地控制电器元件符号及功能说明

电动机两地控制电器元件符号及功能说明表

表 3-14

回路	符号	名称及用途	回路	符号	名称及用途
总电路			辅助电路		
主电路					

72

【任务3.6.3】 绘制两地控制回路部分安装接线图

注：只画出在长动基础上改动和增加的部分。

【任务3.6.4】 填写两地配线明细表

表3-15   两地控制电路配线明细表（辅助回路）

两地控制电路配线明细表（辅助回路）

接线顺序	线号	端子号	导线颜色	导线长度（cm）	确认（√）
	0-1	［例］Q3：2-KM1：A2	蓝	30	

两地控制电路配线明细表（辅助回路）

接线顺序	线号	端子号	导线颜色	导线长度（cm）	确认（√）
0-1		［例］Q3：2-KM1：A2	蓝	30	

【任务 3.6.5】 线路连接、检查

说明：

（1）只需检查控制回路、指示回路部分。

（2）检查方法参看长动回路检查方法。

【任务 3.6.6】 填写两地控制电路通电操作票

表 3-16　　　　　　　　　　　　两地控制电路通电操作票

任务	两地控制电路通电操作		操作时间	
班级：	组别：	唱票人：		操作人：
序号	操作项目	确认执行画√	正确现象分析	实际现象记录 正确画√，错误记录

序号	操作项目	确认执行画√	正确现象分析	实际现象记录 正确画√，错误记录

序号	操作项目	确认执行画√	正确现象分析	实际现象记录 正确画√，错误记录

序号	操作项目	确认执行画√	正确现象分析	实际现象记录 正确画√，错误记录

【任务 3.6.7】 故障分析

说明：

（1）对通电时出现的故障进行分析，填入表 3 - 17。

（2）如通电正确则模拟出至少 3 个故障现象进行故障分析。

表 3 - 17　　　　　　　　　　两地控制电路故障分析表

序号	故障现象	故障原因分析	故障点

活页实训报告

实 训 报 告

任务 3.7 正反转双重互锁控制电路设计、安装与调试

班级：

姓名： 　　　组号： 　　　日期：

【任务 3.7.1】 设计指示回路

注：在图 3－44 原理图基础上设计指示回路，并标注辅助回路端子号。

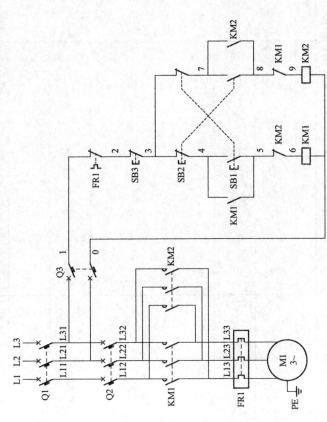

[任务3.7.2] 填写正反转电器元件符号及功能说明表

正反转双重互锁控制电器元件符号及功能说明表

表3-18

回路	符号	名称及用途	回路	符号	名称及用途
总电路			辅助电路		
主电路					

【任务 3.7.3】 在电动机定子绕组示意图中、电动机接线盒内、M1 接线端子板上画出三角形接线方式

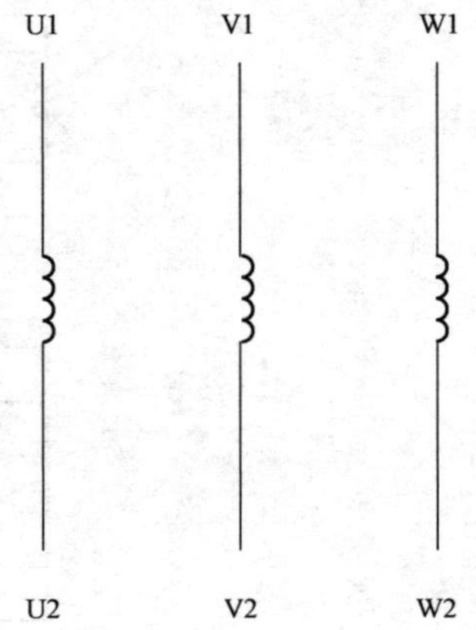

电动机定子绕组示意图

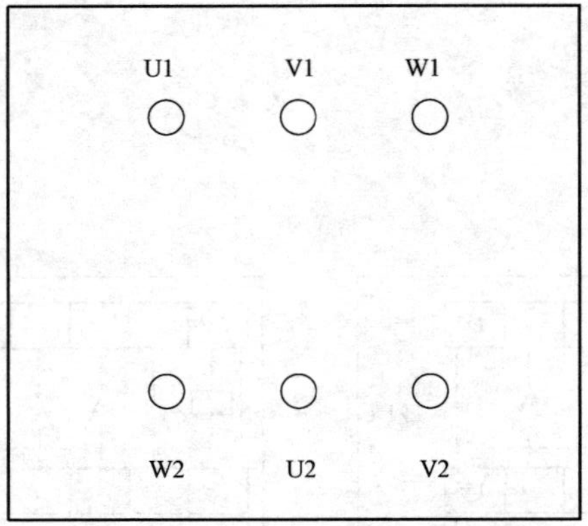

电动机接线盒

U1	V1	W1	U2	V2	W2		外壳

M1接线端子板

【任务 3.7.4】 绘制正反转辅助回路安装接线图

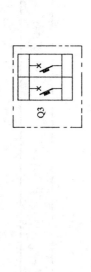

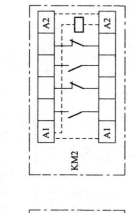

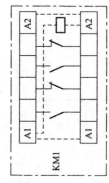

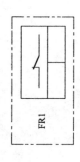

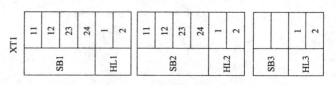

【任务 3.7.5】 填写正反转配线明细表

表 3 - 19　　　　　　　　　正反转双重互锁控制电路配线明细表

<table>
<tr><td colspan="6">正反转双重互锁控制电路配线明细表（辅助回路）</td></tr>
<tr><td>接线顺序</td><td>线号</td><td>端子号</td><td>导线颜色</td><td>导线长度（cm）</td><td>确认（√）</td></tr>
<tr><td></td><td>0 - 1</td><td>［例］Q3：2 - KM2：A1</td><td>蓝色</td><td>30</td><td></td></tr>
<tr><td></td><td></td><td></td><td></td><td></td><td></td></tr>
<tr><td></td><td></td><td></td><td></td><td></td><td></td></tr>
<tr><td></td><td></td><td></td><td></td><td></td><td></td></tr>
<tr><td></td><td></td><td></td><td></td><td></td><td></td></tr>
<tr><td></td><td></td><td></td><td></td><td></td><td></td></tr>
<tr><td></td><td></td><td></td><td></td><td></td><td></td></tr>
<tr><td></td><td></td><td></td><td></td><td></td><td></td></tr>
<tr><td></td><td></td><td></td><td></td><td></td><td></td></tr>
<tr><td></td><td></td><td></td><td></td><td></td><td></td></tr>
<tr><td></td><td></td><td></td><td></td><td></td><td></td></tr>
<tr><td></td><td></td><td></td><td></td><td></td><td></td></tr>
<tr><td></td><td></td><td></td><td></td><td></td><td></td></tr>
<tr><td></td><td></td><td></td><td></td><td></td><td></td></tr>
<tr><td></td><td></td><td></td><td></td><td></td><td></td></tr>
<tr><td></td><td></td><td></td><td></td><td></td><td></td></tr>
<tr><td></td><td></td><td></td><td></td><td></td><td></td></tr>
</table>

接线顺序	线号	端子号	导线颜色	导线长度（cm）	确认（√）
0-1		［例］Q3：2-KM2：A1	蓝色	30	

【任务 3.7.6】 填写正反转通电操作票

表 3-20 正反转双重互锁控制电路通电操作票

任务	正反转双重互锁控制电路通电操作		操作时间		
班级：		组别：	唱票人：		操作人：
序号	操作项目	确认执行√	正确现象分析	实际现象记录 正确打√，错误记录	

序号	操作项目	确认执行√	正确现象分析	实际现象记录 正确打√，错误记录

序号	操作项目	确认执行√	正确现象分析	实际现象记录 正确打√，错误记录

【任务 3.7.7】 故障分析

说明：

（1）对通电时出现的故障进行分析，填入表 3-21。

（2）如通电正确则模拟出至少 3 个故障现象进行故障分析。

表 3-21 正反转控制电路故障分析表

序号	故障现象	故障原因分析	故障点

实 训 报 告

任务 3.8 电动机星—三角降压启动手动控制电路安装

班级：_____

姓名：_____　　组号：_____

日期：_____

[任务 3.8.1] 绘制端子图，并添加绿灯指示回路

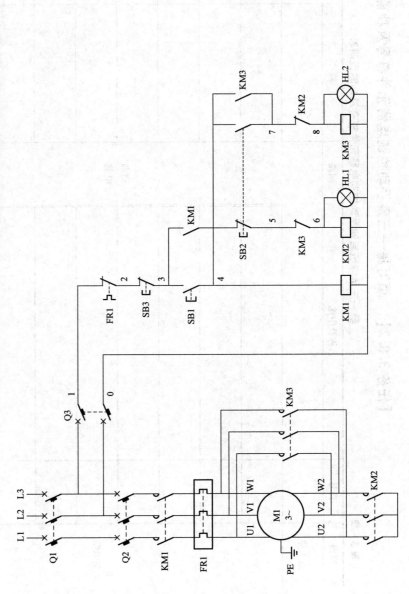

[任务 3.8.2] 填写星—三角手动控制电器元件符号及功能说明表

星—三角降压启动手动控制电器元件符号及功能说明表

表 3-22

回路	符号	名称及用途	回路	符号	名称及用途
总电路			辅助电路		
主电路					

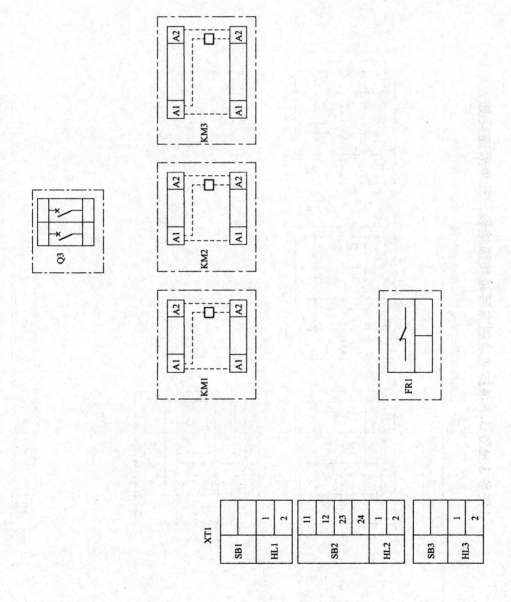

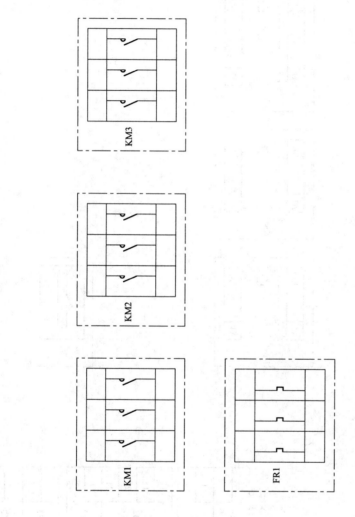

【任务 3.8.4】 绘制主回路局部星形、三角形连接图

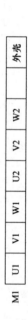

【任务 3.8.5】 填写星—三角手动控制配线明细表

表 3 - 23　　　　　　　　　星—三角降压启动手动控制电路配线明细表

星—三角降压启动手动控制电路配线明细表（辅助回路）

接线顺序	线号	端子号	导线颜色	导线长度（cm）	确认（√）

星—三角降压启动手动控制电路配线明细表（辅助回路）

接线顺序	线号	端子号	导线颜色	导线长度（cm）	确认（√）

【任务3.8.6】 填写星—三角手动控制电路通电操作票

表3-24　　　　　　　　　　　　星—三角手动控制电路通电操作票

任务	星—三角手动控制电路通电操作		操作时间	
班级：	组别：	唱票人：		操作人：
序号	操作项目	确认执行√	正确现象分析	实际现象记录 正确打√，错误记录

序号	操作项目	确认执行√	正确现象分析	实际现象记录 正确打√，错误记录

序号	操作项目	确认执行√	正确现象分析	实际现象记录 正确打√，错误记录

【任务 3.8.7】　故障分析

说明：

（1）对通电时出现的故障进行分析，填入表 3 - 25 中。

（2）如通电正确则模拟出至少 3 个故障现象进行故障分析。

表 3 - 25　　　　星—三角降压启动手动控制电路故障分析表

序号	故障现象	故障原因分析	故障点

✎ 实 训 报 告

电动机星—三角降压启动自动切换控制电路安装

班级: _____

姓名: _____ 组号: _____

日期: _____

【任务 3.9.1】 绘制辅助回路端子图

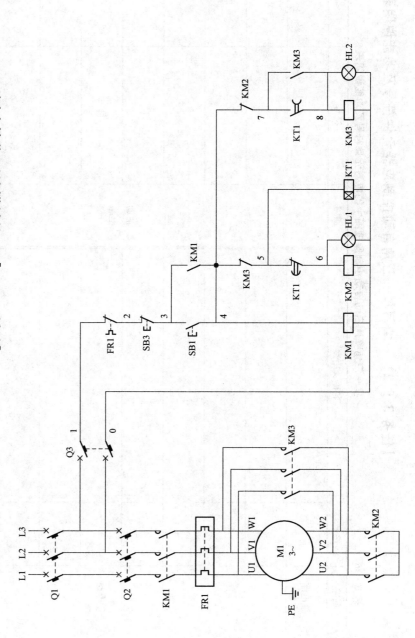

103

[任务3.9.2] 填写星—三角自动控制电器元件符号及功能说明表

星—三角降压启动自动控制原理图中的电器元件符号及功能说明表

表3-26

回路	符号	名称及用途	回路	符号	名称及用途
总电路					
主电路			辅助电路		

104

[任务 3.9.3]　绘制星—三角降压启动自动控制辅助回路安装接线图

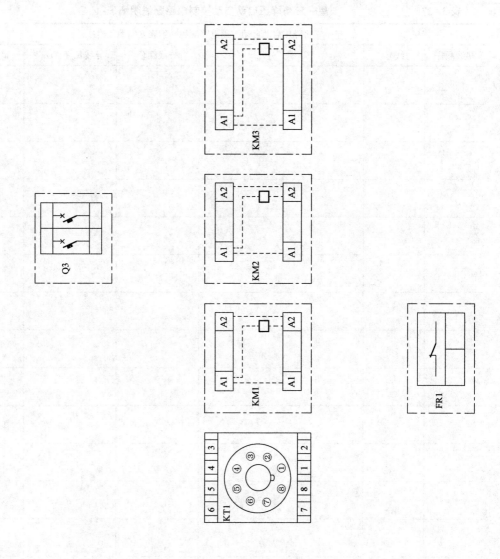

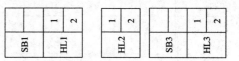

【任务 3.9.4】 填写星—三角自动控制配线明细表

表 3-27　　　　　　　　　星—三角降压启动自动控制电路配线明细表

星—三角降压启动自动控制电路配线明细表（辅助回路）					
接线顺序	线号	端子号	导线颜色	导线长度（cm）	确认（√）

星—三角降压启动自动控制电路配线明细表（辅助回路）

接线顺序	线号	端子号	导线颜色	导线长度（cm）	确认（√）

【任务 3.9.5】 星—三角降压启动自动控制电路通电操作票

表 3-28 星—三角降压启动自动控制电路通电操作票

任务	星—三角自动控制电路通电操作		操作时间	
班级：		组别：	唱票人：	操作人：
序号	操作项目	确认执行√	正确现象分析	实际现象记录 正确打√，错误记录

序号	操作项目	确认执行√	正确现象分析	实际现象记录 正确打√，错误记录

序号	操作项目	确认执行√	正确现象分析	实际现象记录 正确打√，错误记录

【任务 3.9.6】 故障分析

说明：

（1）对通电时出现的故障进行分析，填入表 3 - 29。

（2）如通电正确则模拟出至少 3 个故障现象进行故障分析。

表 3 - 29　　　　　　　　　　星—三角降压启动自动控制电路故障分析表

序号	故障现象	故障原因分析	故障点

111

活页实训报告

实 训 报 告

实训名称_____

实训地点_____

学　　院_____

专　　业_____

班　　级_____

姓　　名_____

学　　号_____

组　　别_____

指导教师_____

_____年___月___日

评	语		

成绩		指导教师	
			年　月　日

实 训 报 告

实训名称＿＿＿＿＿＿＿＿＿＿＿＿＿＿＿＿＿

实训地点＿＿＿＿＿＿＿＿＿＿＿＿＿＿＿＿＿

学　　院＿＿＿＿＿＿＿＿＿＿＿＿＿＿＿＿＿

专　　业＿＿＿＿＿＿＿＿＿＿＿＿＿＿＿＿＿

班　　级＿＿＿＿＿＿＿＿＿＿＿＿＿＿＿＿＿

姓　　名＿＿＿＿＿＿＿＿＿＿＿＿＿＿＿＿＿

学　　号＿＿＿＿＿＿＿＿＿＿＿＿＿＿＿＿＿

组　　别＿＿＿＿＿＿＿＿＿＿＿＿＿＿＿＿＿

指导教师＿＿＿＿＿＿＿＿＿＿＿＿＿＿＿＿＿

＿＿＿＿＿年＿＿月＿＿日

<table>
<tr><td colspan="4" align="center">评　语</td></tr>
<tr><td colspan="4">

</td></tr>
<tr><td>成绩</td><td></td><td>指导教师</td><td>年　月　日</td></tr>
</table>

实 训 报 告

实训名称＿＿＿＿＿＿＿＿＿＿＿＿

实训地点＿＿＿＿＿＿＿＿＿＿＿＿

学　　院＿＿＿＿＿＿＿＿＿＿＿＿

专　　业＿＿＿＿＿＿＿＿＿＿＿＿

班　　级＿＿＿＿＿＿＿＿＿＿＿＿

姓　　名＿＿＿＿＿＿＿＿＿＿＿＿

学　　号＿＿＿＿＿＿＿＿＿＿＿＿

组　　别＿＿＿＿＿＿＿＿＿＿＿＿

指导教师＿＿＿＿＿＿＿＿＿＿＿＿

＿＿＿＿＿年＿＿月＿＿日

实 训 报 告

实训名称＿＿＿＿＿＿＿＿＿＿＿＿

实训地点＿＿＿＿＿＿＿＿＿＿＿＿

学　　院＿＿＿＿＿＿＿＿＿＿＿＿

专　　业＿＿＿＿＿＿＿＿＿＿＿＿

班　　级＿＿＿＿＿＿＿＿＿＿＿＿

姓　　名＿＿＿＿＿＿＿＿＿＿＿＿

学　　号＿＿＿＿＿＿＿＿＿＿＿＿

组　　别＿＿＿＿＿＿＿＿＿＿＿＿

指导教师＿＿＿＿＿＿＿＿＿＿＿＿

＿＿＿＿＿年＿＿月＿＿日

评 语		

成绩		指导教师	年　月　日

实 训 报 告

实训名称＿＿＿＿＿＿＿＿＿＿＿＿＿

实训地点＿＿＿＿＿＿＿＿＿＿＿＿＿

学　　院＿＿＿＿＿＿＿＿＿＿＿＿＿

专　　业＿＿＿＿＿＿＿＿＿＿＿＿＿

班　　级＿＿＿＿＿＿＿＿＿＿＿＿＿

姓　　名＿＿＿＿＿＿＿＿＿＿＿＿＿

学　　号＿＿＿＿＿＿＿＿＿＿＿＿＿

组　　别＿＿＿＿＿＿＿＿＿＿＿＿＿

指导教师＿＿＿＿＿＿＿＿＿＿＿＿＿

＿＿＿＿＿年＿＿月＿＿日

		评　　语	

| 成绩 | | 指导教师 | |
| | | | 年　　月　　日 |